Calming Your Fussy Baby:
The Brazelton Way

如何安抚易哭闹宝宝

〔美〕T. Berry Brazelton & Joshua D. Sparrow 著

牛君丽 译

中国轻工业出版社

图书在版编目（CIP）数据

如何安抚易哭闹宝宝 / （美）T. 贝里·布雷泽尔顿（T. Berry Brazelton），（美）乔舒亚·D. 斯帕罗（Joshua D. Sparrow）著；牛君丽译. —北京：中国轻工业出版社，2020.8

ISBN 978-7-5184-2883-0

Ⅰ. ①如… Ⅱ. ①T… ②乔… ③牛… Ⅲ. ①婴幼儿－哺育 Ⅳ. ①TS976.31

中国版本图书馆CIP数据核字（2020）第020927号

版权声明

总 策 划：石　铁
策划编辑：戴　婕　　　　　责任终审：杜文勇
责任编辑：戴　婕　　　　　责任监印：刘志颖

出版发行：中国轻工业出版社（北京东长安街6号，邮编：100740）
印　　刷：三河市鑫金马印装有限公司
经　　销：各地新华书店
版　　次：2020年8月第1版第1次印刷
开　　本：880×1230　1/32　印张：3.875
字　　数：42千字
书　　号：ISBN 978-7-5184-2883-0　定价：32.00元
读者热线：010-65181109，65262933
发行电话：010-85119832　传真：010-85113293
网　　址：http://www.chlip.com.cn　http://www.wqedu.com
电子信箱：1012305542@qq.com
如发现图书残缺请与我社联系调换
190295Y2X101ZYW

译 者 序

我刚刚将布雷泽尔顿（Brazelton）博士的《父母和婴幼儿的早期依恋关系》（*The Earliest Relationship: Parents, infants, and the drama of early attachment*）这本书翻译完成，整个身心都还沉浸在他所陈述的亲子依恋关系的奇妙中，编辑就把《如何安抚易哭闹宝宝》（*Calming Your Fussy Baby: the Brazelton Way*）放在我面前了。一眼瞄见“the Brazelton Way*”，我的脑海中立刻浮现出一个哭闹不止的宝宝，在一个和善的老人手中，瞬间神奇地安静下来的情景，这正是布雷泽尔顿博士录制的育儿视频的一个场景（安抚哭闹宝宝的一种神奇有效的方法——橄榄球抱法，本书中也有讲到）。我

* 直译是“布雷泽尔顿式育儿丛书”。——译者注

接了本书的翻译，被内容深深地吸引，心里忍不住欢呼雀跃，不需编辑过多解释，立刻摩拳擦掌，投入新的翻译工作，翻译从来没这么顺手、这么让人享受过！

我一边翻译，一边感慨：如果在我家小宝出生前后，我和宝爸能读到此书，我们得省去多少育儿尴尬、困惑和无措啊！也会少走很多弯路，避免很多对孩子的成长影响深远的错误吧！

《如何安抚易哭闹宝宝》是美国最受欢迎的儿科专家布雷泽尔顿博士根据自己几十年的执业经验，在众多父母和专业保育人员的一再请求下写成的，是他的“布雷泽尔顿式育儿丛书”（the Brazelton Way）的一部分，专门针对育儿过程中普遍存在又几乎让所有新手父母手足无措的幼儿哭闹问题，按照年龄大小以及幼儿发育不同阶段给出的具体解决方案和实操方法，与他的诸多理论性育儿图书相互照应，相辅相成。

养育过幼儿，或者看到过幼儿养育过程的人都知道，育儿是一项极具挑战性的工作。特别是幼儿的哭闹，几乎让所有的父母抓狂。哭闹几乎是幼儿表达自己情感和需求的唯一手段，当得不到理解和满足时，幼儿就会哭闹不止。每一个父母都想知道如何安抚易哭闹宝宝，让哭闹不止的宝宝安静下来。在这本实操手册中，布雷泽尔顿博士和合著者斯帕洛（Joshua D. Sparrow）医生一步步地揭示出每一种啼哭的含义，使父母和孩子不再生活在两个互不理解的世界里。不仅如此，他们还给出了最恰当有效的应对方法，针对不同年龄、不同个性的孩子，他们都给出了充满智慧的建议。遵循他们的建议，就像我脑海里呈现出的布雷泽尔顿医生安抚哭闹宝宝的视频一样，父母将看见神奇的效果，得到巨大的安慰。他们不仅告诉父母如何安抚哭闹不止的宝宝，也对幼儿普遍存在的终日哭闹现象做了详细的解释，相信父母在读了这些内容之后，将不再为幼儿终日哭闹困惑和抓狂，甚至自责，而是能用更加温柔的爱心，耐心沉着、充满希望地陪伴孩子度过这个成长阶段。当孩子长到两三岁，开始出现在公共场合大哭大闹不达目的不罢休的现象时，父母也能透过混乱现象明白幼儿内心的用意和需求，不为所乱，镇定应对。同时，帮助幼儿学会平息怒火，减少抱怨，帮助他们用手势和语言表达自己。不仅如此，父母认为自己无能无知的自责和苛求也会减少，他们会更客观地认识自己，与孩子共同成长。

有些妈妈，甚至借助本书，克服了产后抑郁，之前不被家人朋友觉察和理解的困惑与苦恼在阅读本书的

过程中也得到了解决，他们对自己和孩子有了更多的信心。

布雷泽尔顿博士坚信，每一个想要成为优秀父母的人，都具有良好的育儿本能，只要肯追求，都会梦想成真！

牛君丽

2019年9月于北京

致　谢

我们要感谢 Richard 和 Tivia Kramer 以及哈莱姆儿童区 (Harlem Children's Zone) 的人们，他们是最先敦促我们撰写这本简明易懂之书的人，这本书的主题对全国各地的父母来说至关重要。如果没有他们的远见，这本书可能永远也不会写出来。感谢 Geoffrey Canada、Marilyn Joseph、Bart Lawson 和 Karen Lawson 夫妇、David Saltzman 以及 Caressa Singleton 对我们工作的坚定支持，我们从他们身上学到了很多。和往常一样，再次向我们的编辑 Merloyd Lawrence 表示感谢，感谢她的智慧和指导。最后，我们要感谢我们的家人，感谢他们对我们的鼓励和耐心，我们试图在这本书中传授的很多内容都来自他们给予我们的教导！

目　　录

序　　言

自1992年第一本《触点：如何教养3—6岁的孩子》（*Touchpoints: Three to Six*）出版以来，诸多父母以及育儿专业人员不断要求我写一些短小的实操手册，帮助他们应对育儿过程中遇到的常见挑战。其中最常见的挑战是啼哭、管教、入睡困难等问题，“布雷泽尔顿式育儿丛书”谈到了这所有的话题。

我在儿科执业多年，遇到了数不清的家庭，他们的经历表明，这些问题在孩子成长过程中经常出现。在这本小册子中，我尝试解决啼哭、管教、入睡等常见问题，在孩子成长发育飞跃进入下一个阶段的每一个触点，都不可避免地会出现这些问题，甚至出现成长后退。系列丛书中的每一册书都描写了啼哭、管教、入睡的“触点”，以帮助父母更好地了解孩子的行为。每一个小册

子都为父母提供了实操性建议，使父母可以帮助孩子掌控他们即将遇到的类似问题，重回正常的发展轨道。

我邀请斯帕洛医生和我共同撰写了《触点：如何教养3—6岁的孩子》，把他在儿童精神病学领域的见解加入进来。这套丛书关注的重点是人生最初的六年里遇到的问题和机会，间或我们也会谈到年龄更大一些的孩子。每一册书的最后一章，都会对一些特殊问题进行讨论，不过这些小册子并不能涵盖问题的所有方面，也不能取代面对面的专业诊断和治疗。我们希望这些小册子能成为方便好用的指导手册，帮助父母直面孩子的成长痛，迎接那些激动人心、标志着孩子成长飞跃的“触点”。

“腹绞痛”会引起过度啼哭、夜半惊醒、乱发脾气，这些现象既常见又不可避免，常常让父母深陷其中以致抓狂。不过，通常来讲，这些问题绝大多数都是暂时性的，不会持续很久，也并非不能解决。但是，如果得不到理解和支持，遇到问题的家庭会感受到极大的压力，有可能导致孩子的成长严重偏离正轨。我们希望，这些小册子提供的简单信息可以帮助父母提高信心，遇到问题的时候能够站得住，避免发生不必要的脱轨现象，即便遇到的问题特别棘手，依然不会熄灭帮助孩子健康成长的兴致和乐趣。

第 1 章

✶

新生儿的语言

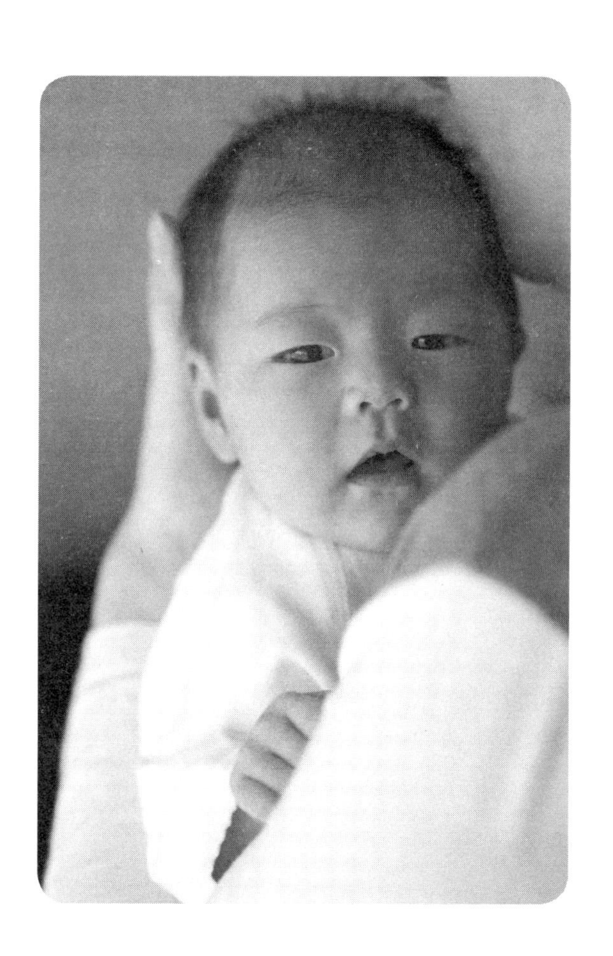

新生儿的交流方式

新生宝宝出院回家之前，新手父母最常问儿科医生的问题是："如何喂养这个婴儿？如何才能知道她想要什么？需要什么？"

我的回答是："仔细观察你的宝宝，她会用行为告诉你。她的喜好一目了然，是否喜欢你说的做的，她的面孔和身体都会告诉你。如果喜欢，她脸上会很明快，手舞足蹈，胳膊腿都会向外伸展。如果不喜欢，也会很明显，她会肢体僵硬、转身背对着你，变得难缠甚至啼哭起来。通过仔细观察，你很容易就能发现她们的线索。"

"那么，如何避免犯错？"

"犯错是无法避免的，学着做父母是个试错过程。事实上，错误教给你的比成功更多。"

每一个父母都想凡事"做对"，鉴于此，我最好的建议就是了解你家宝宝的语言，她的行为就是她的语言。

我曾经设计了一个对新生儿的测试，就是新生儿行为评估量表，可以帮助"解读"新生儿的行为。父母和受训观察者共同对新生儿进行观察，观察她对图片、

声音等感官刺激的反应，以及她从睡眠转向清醒状态的活动情况，新手父母可以通过这些观察，发现宝宝的个性和气质。训练有素的医生、护士或其他育儿专业人员，可以帮助新手父母发现新生儿的让人称奇的技能，帮助他们更好地了解和照顾新生儿。借助新生儿行为评估量表，父母可以观察到新生儿屏蔽干扰的方法、渐渐醒来的过程，以及她们对摇铃、红球和人脸做出的反应等。通过观察，父母可以逐渐掌握新生儿的行为规律，会知道在各种情景下新生儿的反应，也会知道喂奶和睡觉的时间。有的宝宝很安静却很敏感，有的宝宝异常活跃却让人抓狂，也有的宝宝个性在这两者中间，父母很快就会发现新生儿个性的不同之处，她们对外界刺激的行为反应也各不相同。

如果父母有机会在育儿中心观察不同的宝宝，就可以看到宝宝们性格和行为的差异，这有助于他们认识到自家宝宝的独特个性。父母可以借鉴观察到的宝宝的行为反应，指导自己对新生儿的照料。如今，在医院里待产和分娩的时间很短，如果父母心中存有疑问，可以提前要求医院提供新生儿行为方面的演示。新手父母一般都会非常想了解他们刚刚出生的孩子，很快他们就会爱上这个新生的宝贝。心中憧憬已久的宝宝终于出现在眼前了，他们从此踏上了了解这个具有独立人格小人儿的漫长征程。

啼　哭

啼哭是新生儿最具威力的交流方式。当想要召唤父母到自己身边来时，再没有比啼哭更奏效的了。

新生儿的第一声响亮的啼哭，不仅向这个世界宣告了她的到来，还具有如下更多的作用：

- 将新生儿的肺部打开，启动她的肺部功能；
- 清空新生儿气道的液体，让氧气得以进入；
- 它是新生儿应激反应的重要组成部分，是她在母亲体外生存的开端。

第一声啼哭响起的同时，新生儿会做出巨大的惊悸动作，手脚因震惊扭打在一起，在场的每一个人都会关注到这种现象，她的小脸皱在一起，仰面向上，似乎在说："我来啦！快来照顾我啊！"

从这一刻起，啼哭对父母及照料她的人就具有了

特别的含义。听到新生儿啼哭，谁的心跳不会加速？有哪一个不想立刻把她抱起来进行安抚？这是人们被天生“植入”的本能反应——照顾和保护种族中最弱小、最脆弱的成员。

对新手父母来讲，解决新生儿啼哭代表的需求是育儿路上的第一个难题。她是饿了，还是不舒服？是需要换尿布了吗？还是累了？感觉无聊了？是不是她觉得哪里疼了？这些都是新手父母常见的疑惑，迫使他们费尽心机寻找解决方案。

微　笑

出生之前，当胎儿尚在子宫里时，她就已经可以发出“微笑”。或者，是皱眉？通过超声波观察孕龄7个月大的胎儿，可以看见胎儿的嘴角向外展开，呈现微笑的样子，但是面部表情并没有变化。这种现象发生在胎儿由深度睡眠转为浅睡眠的时候。所以，有父母声称发现他们的宝宝睡醒或将要睡着的时候会微笑，也就不足为怪了。这种“微笑”是一种睡眠和觉醒状态发生变化时的反应。看见宝宝微笑或皱眉，父母心生欢喜，立刻做出积极反应，使宝宝的微笑或皱眉行为得到强化。毫无疑问，父母的反应对宝宝的行为具有鼓励作用，使她越发愿意重复这种行为。

宝宝出生一个月后，让她微笑的情况开始多起来。当她的脸部和眼睛变得更加灵活，可以和嘴巴配合一起运动的时候，父母通常会说："看呐，她笑了！"于是把她抱起来，逗弄她，咕咕咯咯地对她说话，试图让她"再笑一个"。直到出生4—6周大，婴儿才会发出真正的微笑，在此之前，她一直在为微笑做准备。6周大的时候，父母将她抱起和她说话，她已经能用微笑加以回应：这已经成为一种既定的可以被理解的交流方式。当新生儿发出微笑的时候，她的父母高兴得简直要晕倒了。如果他们的反应过于强烈，她会停止微笑。相反，如果他们回应恰当，将新生儿温柔地抱在怀中，轻轻摇晃，柔声吟唱，就会强化她的微笑的积极社交作用，她很快就明白微笑是另一种将重要人物召唤过来的有力招式。

肢体语言

新生儿的肢体语言是另一个重要的信息来源。给她换尿布、俯身和她说话，你会发现她在用心倾听，手脚像骑自行车一样划圈，嘴巴里发出咯咯大笑的声音，她的身体告诉你她很高兴。如果你抱起她的时机不对，她的身体会变得僵硬，胳膊腿硬挺踢打，手掌紧握成拳，脖子挺起，扭头看向其他地方。

把她抱在怀中，她的身体会柔软下来，蜷缩着环绕着你。她把头转过来，靠在你的胸前，或者紧盯着你的脸，手紧紧攥着你的衣服或者手指。当她感觉舒服的时候，她的腿会在你身边垂下来，她会仔细地调整好身体，紧贴在你的身体上。在你的肩头，她抬起头，环顾四周，有时甚至会把腿紧紧地缠在你的身上。她环顾一下房间，最终把柔软的小脑袋靠在你的颈窝里。至此，她和你完成了一次完美的交流互动。她好像是在说："在这里我感觉既安全又有爱。"正在进行母乳喂养的妈妈，这时候就会分泌出乳汁——多么甜美的经历。

目光接触

新生儿从睡眠或哭泣状态转为清醒状态的时候，父母或者护士会将她扶起呈30°倾斜，握住她的胳膊和腿，以免她惊跳。惊跳会让她非常难过，精力无法集中。仔细观察新生儿的关注行为，你会发现她盯着你看的时候，一直在控制自己，身子向前拱起。如果你慢慢地移动，脸在距离她30厘米远的前方，她会随着你的脸移动而移动。她竭力将注意力集中在向她俯下身子的这个人，她明亮的眼睛几乎要从脸上崩出来，把你拽进去。她好像在说："我在这里！我是个人哦。来爱我吧！"她的眼睛说出了她的心意。目光接触就是这么激动人心！

随着年龄的增长，她对身体的控制力以及对物体的追随度和关注力也随之增长。

她会使用这些能力和你交流。她的眼睛会说很多话。"我需要你！我累了。帮帮我吧。"甚至"喂我吧"。新手父母总是问，"我怎么知道她要什么？"宝宝的眼睛会告诉你她的需要。当她的眼睛明亮充满爱时，那是在说："你是我的父母，你做对了！"

“太多了”

每个新生儿的忍耐性都有一个极限，超过极限，任何新的信息或游戏都会变得过度。当幼儿感觉外界刺激超过她的极限时，她会有很多种方法表达“够了，受不了”的意思。她会将身子拱起，把脸转开，目光转移，或者脸色变白，眼睛半合，打嗝，吐奶，肚子咕咕作响等，这一切都有可能是她表达“够了，受不了”的信号——她看到的和听到的“够多了”，做的游戏和互动“够多了”。在接受更多刺激之前，她也许是累了，需要小睡一下。大多数新生儿在嘈杂拥挤的房间里，都会有这样的反应。这也许就是为什么她会在奶奶家睡着的原因。人太多，关注太多，她必须“走一会儿神”。要认真对待她的这些反应，尽快把她从过多的刺激中拯救出来。通过一段时间的安静休整，她有可能又可以生龙活虎地继续与人互动了。这是她的一种保护性行为。这也许是她告诉你她受够了的唯一方式。

吮吸

通过吮吸，新生儿会告诉你很多信息。需要安慰的时候，她会把头转到妈妈胸前去吮吸乳房（这个举动不仅仅表示她想要吃奶，也有可能因为她需要安慰）。身边没有东西让她获得安慰时，她就吮吸自己的手指进行自我安慰和安抚。饥饿的时候，她的吮吸很稳定，一旦有了饱的意思，她的吮吸就会出现快吸、暂停、再快吸的节奏。这种时候，父母通常会逗弄她，力图促使她继续吃奶，或者低头看着她的脸说，“继续吃啊！”这是宝宝进行沟通的一种方式，暂停的时候，她抬头看你的脸仔细研究。吃奶时中途停顿，似乎就是为了留出时间进行观察和倾听。

吮吸有两种——吃奶的吮吸，和“占空式”吮吸。“占空式”吮吸发生在新生儿口腔的上部（把手指给新生儿吮吸，你就会感受到）。“占空式”吮吸具有安抚作用，也可以让运动中的婴儿平静下来，使其专注地倾听和查看，或者帮助其进入睡眠，或者使其从睡眠中安静地醒来。新生儿的吮吸意义丰富，只要留心观察和倾听就能掌握。

自我安慰

新生儿躺在小床上，通常会局促不安地蠕动。这是因为仰面朝天躺着，会让她受到惊吓，使她心烦意乱。她很可能会哭起来，并被哭声再次惊吓到，她一边哭，一边大发脾气。失控的时候，她会产生四个反射行为，力图对自己进行控制。她把脑袋转向一边，脸和胳膊努力向外挣扎，身体向另外一边拱起，形成紧张性颈反射。这个反射使她的手伸到了嘴边，称为巴布金手口反射（Babkin hand-to-mouth reflex）；她的头紧靠着手，从一边转到另一边；最后，她捉住大拇指或者其他手指，放进嘴里进行吮吸。至此，四个反射行为完成，再次达到了自我控制。

现在，她可以再次观看、聆听、探索她周围的世界了！她让自己安静了下来——这是自我控制的第一步，是了不起的成就！父母满心热爱孩子，这时候就会俯下身子柔声对她说：“太棒了！”确实是！新生儿认识到她的新的自控方法特别重要。她热切地吮吸自己的大拇指，发出柔和而又满足的声音。父母对她喃喃说话，她也试着咕咕噜噜地回应，但是真正说话——还做不到。她拔出手指，眼睛发亮，盯着喃喃说话的父母不住地看，满足地拱动起来，但是，没有发出声音。

牙牙学语

又过了几周，新生儿在身体拱动的时候，口里开始咿咿呀呀地发出声音。这种交流方式一般发生在新生儿将近3个月大的时候。她发现，扭动身子并且发出这种声音能让父母更快地做出反应。接下来的几个月，她躺在那里不停地练习这个新技能，咿咿呀呀，没完没了，有时甚至会发出很大的声音，她在学习掌控这个让人激动不已的新技能。通常，她会被自己发出的大声吓到，她很兴奋，有时候甚至失去控制大哭起来，哭声很快就把父母引过来了，当看见父母时，她立刻止住啼哭，脸上现出微笑，仰面看着父母，叽叽咕咕地说话，满足地扭动着，希望父母留下和自己待在一起。

“做对了”

初为父母的人很少会自信地说“我知道怎么做！我也知道怎么说！我做对了”，帮助小朋友打了一个大嗝算是“做对了”的事情之一；小家伙哭泣的时候，父母因了解她的需求，做出恰当的反应，也绝对是少有的“做对了”的事情。这让父母心里很激动，开心地认为“我是她的父母——她需要我的时候，我知道该做什么”。这绝对是了不起的成功！我们希望，这个小册子可以帮助父母取得更大的胜利！

第 2 章

✶

交流的触点

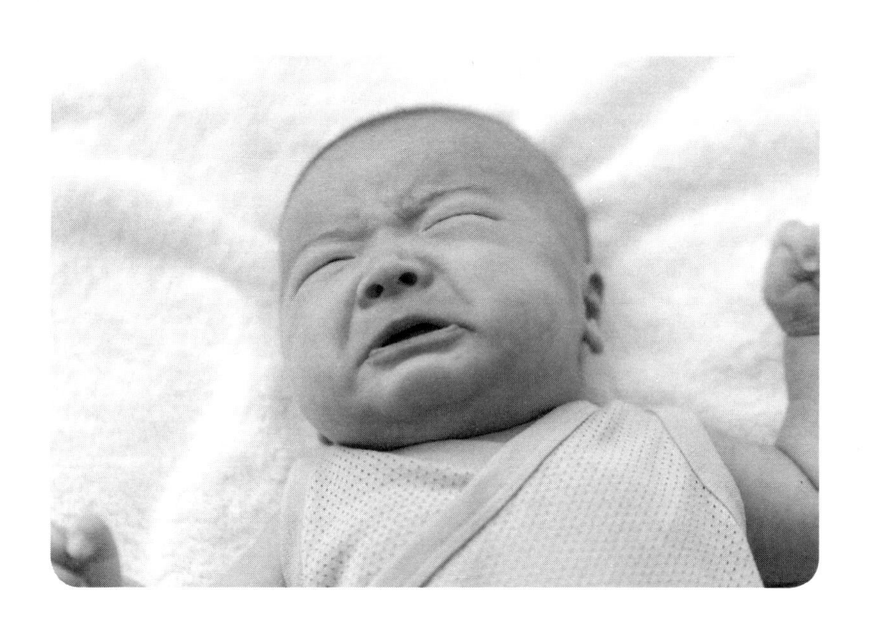

新生儿的啼哭

识别新生儿的啼哭

新生儿出生三天，新手妈妈就能从婴儿房此起彼伏的啼哭声中认出自己孩子的哭声！她对自己孩子的哭声有极强的共情，急切地想要去安抚哭泣的宝宝。

出于对新生儿的热爱，新生儿出生不足3周，新手父母就能区别出自家孩子各种不同啼哭代表的含义。同时，新生儿的面部表情、肢体语言等其他信息（比如喂奶延续时间、小睡、更换尿布、噪声、明亮光线、穿得太多或太少等），也会帮助他们了解每一种啼哭诉说的内容。虽然我们在这里对各种啼哭的描述都非常简单，但你依然可以借助这些描述认识自家宝宝各种啼哭的含义。

疼痛

因疼痛而发出的哭声短暂、刺耳、高亢，同时伴随短时呼吸暂停（没有呼吸动作），然后继续大哭。除非

疼痛消失或被抱了起来，因疼痛而起的啼哭不会轻易停止。由于疼痛，新生儿不停地啼哭，时间长了，哭声就会变小，很容易让人误以为她的疼痛减轻了。但是，一定要谨慎，要去寻求医生的帮助，找到疼痛的原因。疼痛会使新生儿面部皱在一起，胳膊和腿贴着身体，紧紧地蜷缩起来。父母可以轻按新生儿的周身，寻找疼痛的部位。肚子、腿、胳膊，头部、脸或耳朵等部位，都有可能是疼痛所在的地方。轻触新生儿头部的囟门，查验在两声哭泣中间，囟门是否发软。如果不软，一定要警惕，这是需要立刻寻求医生帮助的信号。也可以轻柔地搬起新生儿的颈部，同时活动新生儿的胳膊和腿，进一步寻找疼痛的来源。

一定要找到疼痛的来源，找到新生儿啼哭的原因。轻轻地按遍全身，如果还是不能找到原因，必须去看医生。

只要听到婴儿的哭声，首先要判断是不是疼痛引起的，这样做非常重要。有些时候，情况非常紧急，必须立刻寻求专业帮助。

饥饿

饥饿的时候，新生儿会在短时间内不断地哭泣，哭声持续不断，音调中等。

如果看见新生儿的头上下左右摇摆，嘴巴张大，寻找奶瓶或者乳房，毫无疑问，她是饿了。活泼的新生儿甚至会张开嘴，来回扫动。留意观察，如果看到新生儿把手或者床上用品放进嘴巴里，那就表明她在寻找可以给她喂奶的奶头。

不管新生儿什么时候啼哭，父母的第一反应就是给她喂奶，这个本能的反应很少出错。人们很容易发现，看到孩子在寻找奶吃就给她喂奶，可以有效地制止她的啼哭。观察新生儿的吮吸状态，就可以知道她饥饿的程度，也可以看到吃奶的时候她是多么的满足。如果父母误把其他啼哭当成了饥饿啼哭而给她喂奶，新生儿虽然也会把奶头或者奶瓶含上（似乎是出于礼貌），但很快就会丢开，继续哭哭闹闹，四处张望。

新生儿吮吸上奶头或者奶瓶，父母会发现，在刚开始吮吸的时候，她的吮吸非常有力和猛烈，不过，很快就发展成了吮吸—停顿模式：吮吸—吮吸—吮吸—吮吸—停顿—吮吸—吮吸—吮吸—停顿。很明显，她的饥饿感已经消除。她想停下来，四处张望一下，听一听周围的声音，这就形成了一种吮吸—停顿模式。其中暂停的时间，正是她用来研究给她喂奶的这个人的机会。把

她扳回来，按着她让她继续吃奶之前，低下头，冲她微笑，对她说说话，轻轻地拍拍她，或者把她搂紧一些。由吮吸带来的满足以及吃吃停停的节奏可以帮助新生儿和母亲建立起良好的互动。

疲劳

如果白天被过度折腾，与他人互动太多，周围的噪声或者活动太多，新生儿极有可能要抗议。她先是轻轻地哭泣，听起来几乎就像是在呜咽，渐渐地哭声会大起来，发展成大声地哀哭。这时候，如果把她放回床上，或者减少她周围的刺激，大声哀哭就会变成抽泣，最终停止。父母这时一般会很自责："怎么没早一点让她去睡呢？"不过，做出抗议再平息下来，对新生儿来讲，也是一项了不起的能力。

无聊

如果感到无聊，新生儿会突然啜泣起来，摇晃着脑袋四处张望。这时候可以和她说说话，用手推推她，或者把她抱起来玩耍一会儿。只要是新鲜事儿，都能让她得到满足。

感到无聊的婴儿脸很柔和，眼睛通常睁得大大的，但是，没有神采。她茫然地环顾四周，好像在寻找什么东西。如果听到有趣的声音，她会停下来倾听，身体更加放松，手掌也伸开了。通常，她的脚会在空中摇动，就像是在做操。有时候，她会突然注意到某只正在摇动的脚，于是停止哭闹，盯着脚看，拿起手放进嘴巴里，不过，如果她没有吮吸的欲望，这个动作对缓解无聊也没多大用处。

安慰无聊的新生儿很简单，但是有可能会花费很多时间、精力和耐心——通常来讲，这些也正是父母所匮乏的。可以把她抱起来，和她说说话。人的面孔或者色彩鲜艳的玩具似乎能吸引她的注意力，使她不再感到无聊。用安静、沉着的语音和她说话可以让她安静下来。抱着她在房间来回走动或者走到房间外面去，也可以打破她的无聊状态。人们通常会用可爱的小毯子或者漂亮织布做成的婴儿包或育儿袋吸引婴儿的注意力，使父母和孩子之间的互动充满愉悦。

不适

婴儿感到不适时会爆发出一阵阵的啼哭，哭声很大，但是没有疼痛引起的哭声那么尖利。新生儿似乎一直在说有什么东西让她很烦躁，有些时候可能只是憋

住了一个屁。不适引起的啼哭是间歇性的，听起来没有那么令人不安，很容易与疼痛引起的啼哭区别开。比如，把她抱起来，不适感获得消除，这种低调的抽泣通常会停止。

把上面的方法都试一下，看能不能使婴儿从哭闹中安静下来。轻按周身（见上面疼痛啼哭部分）查看一下是否有什么更严重的原因。观察她的脸：感觉不适的婴儿会额头紧皱、满目疑惑，胳膊和腿的紧张程度比无聊状态时严重，但是检查她的身体时，她会松弛下来。

如果找不到原因，就尝试给她喂奶或者水，然后帮助她打嗝，给她奶头或者手指（你的或者她自己的都可以）让她吮吸。这时候，她体内通常会酝酿出气体，很快她会排气。如果是严重的不适，她的啼哭会变成类似疼痛的啼哭或者更迫切的请求，希望得到你的帮助。

一天结束，发个脾气

日终啼哭常常会被错误地认为是“腹绞痛”或者不舒服导致的。这种间歇性、有规律的哭闹发生在一天结束的时候，通常是因为白天过于忙碌、接受了太多的视觉和听觉刺激，做了太多的活动。这种啼哭具有一定的节奏性——哭哭、停停、哭哭、停停。可以和她说说话、把她抱起来、或者轻轻摇动她，暂时缓解她的哭闹。虽然这种啼哭有时会发展成真正的号啕大哭（类似疼痛哭），但大部分时候，这种啼哭并不强烈，只是哭哭停停。发出这种啼哭的婴儿脸色柔和，眉头紧皱，随着面部和身体的缓和，这种状态会改变。上面说到的所有的安抚方法几乎都可以让这种啼哭停止，但是只要安抚行为一停，婴儿就会继续啼哭。

以上这些不同的啼哭都是可以识别的。有些父母，在婴儿刚出生3周左右就可以辨别出婴儿哭声的不同。一旦新手父母能识别出不同的啼哭，就可以知道孩子的需求，父母在建立亲子关系方面付出的热情就已经得到了证明。

上面所有的方法，就算不能让孩子彻底不哭，至少可以帮助父母排除婴儿啼哭是不是因为疼痛引起的。只要婴儿对你使用的方法做出回应，即便只是暂时的回应，也会让你得到安慰。

如果宝宝“很难被读懂”，寻常的方法在她那里都不奏效，新手父母就会感到一筹莫展，想要理解孩子就显得更加困难。孩子真的那么难被读懂吗？会不会把孩子宠坏啊？我们会把孩子宠坏吗？我看不见得。想要知道如何满足宝宝的需求，就要仔细观察和留意宝

宝的一举一动。

父母总是想尽一切办法力图使宝宝安静下来，只要成功，总会获得极大的鼓舞。这个方法不奏效，他们就会尝试另外一个，在这个过程中，父母的焦虑和压力通常都会加深。然而，我们正是在失败中获得各种经验和教训。如果不能马上找到有效的解决办法，不要继续尝试，停下来，想一想，思考下一步该做什么，再次仔细观察婴儿。观察的时候，你会发现一些之前没有关注到的细节。

婴儿哭闹时，父母该怎么做？

1. 首先要努力辨别出是哪种啼哭，同时留意婴儿的其他行为，作为判断的参考。比如，上次喂奶的时间，上次小睡的时间，上次换尿布的时间，婴儿对声音、光线、气温、活动或运动的反应等。
2. 改变她的状态。试试给她喂奶，如果刚刚喂过，不要再试。吮吸向来具有很好的安慰作用。帮她把她的拳头或手指放进嘴巴，或者把你自己的手指或装有糖水的奶瓶给她吮吸。
3. 用温柔舒适的声音和她说话，直到她的哭声暂停，慢慢地降低说话的声音，帮助她降低啼哭的音高与音量。

4. 抱住她的胳膊和躯体，以免惊跳。
5. 用小毯子把她包裹起来，将她的胳膊和腿稳固地束缚住。确保她靠近你仰面躺着，确保她不会滑进毯子，造成窒息。
6. 把她抱起来，抱紧。
7. 温柔地按摩她的后背和四肢。
8. 唱歌给她听。
9. 抱着她来回走动，温柔地上下左右摇动她。
10. 使用白噪声*或者通过运动。有些父母告诉我，他们把婴儿放在洗衣机上或者使用白噪声机使啼哭的宝宝安静。还有的父母开车载着啼哭的宝宝去兜风。这些方式在某种程度上都有可能奏效，不过，通常来讲，只要停止安抚行为，婴儿就会继续啼哭。小月龄婴儿会出现一种自我屏蔽现象，我们称之为“习惯化”：为了屏蔽周

---

* 白噪声是指在较宽的频率范围内，各等带宽的频带所含的噪声能量相等的噪声。当周围声音太繁杂时，可以使用这种噪声来加以遮蔽。——译者注

边的嘈杂和喧闹，婴儿会保持安静，甚至让自己沉睡过去。除非安抚刺激一直进行，上面这些方式不会持续有效。

11. 当哭声再次响起时，通常意味着最初使她啼哭的情况又回来了。

12. 还有另外一种方法可以让哭闹不止的婴儿安静下来，我称之为“橄榄球抱法”：用前臂托住婴儿的腹部，把婴儿的胸部放在你的手掌上，胳膊腿悬空，把你的另外一只手安放在婴儿的背上，上下摇动婴儿。当她安静下来的时候，她会抬起头四处观望。对她轻柔地低声吟唱，安慰她。在她慢慢安静下来的时候，利用她对外界的兴趣，保持住她停止哭泣的状态。你可以看到她完全睁大了眼睛。在这种情况下很多婴儿都会安静下来，因为肚腹朝下趴着，她很难做深呼吸，大声啼哭就无法继续。不过，有节奏地摇晃以及外界令人感兴趣的声音或图片也可以帮助她维持自我控制。这种方法可以给绝望的父母一个短暂的喘息机会。

我一直告诉父母，他们是这个世界上最关注他们宝宝的人。然而，日常生活中更常发生的事情是，当宝宝哭声响起的时候，人们更倾向于对父母横加责备，特别是当他们的安抚手段不奏效的时候。只要孩子一哭，我们立刻责备那些“牺牲品”（妈妈或者爸爸）：“他们对孩子都做了什么！”“他们怎么不做些什么帮帮孩子！”来自他人的压力使焦虑不安的父母越发抓狂。学会安抚啼哭的宝宝，俨然就是新手父母需要解决的最急切的挑战。

啼哭与性格

通过观察新生儿啼哭的特点以及她受安慰的能力，父母可以预测她未来的性格趋向，父母也可以参考她啼哭的不同表现对她进行安慰。热情强健的婴儿大多活泼，容易突然啼哭，哭声高亢尖利，很有可能不好安慰。安静敏感的婴儿情绪调动慢，哭起来声音不大，但是会持续得比较久。她会一再尝试安抚自己，要么吮吸大拇指，要么四处查看或者变换姿势。如果一直不舒服，她会很烦乱，哭起来没完没了。婴儿的性格和表现

类型，决定了婴儿在父母心中的形象，在适应婴儿的过程中，父母经历的这一切也影响着父母对自我的调整。

婴儿的性格决定了她啼哭的种类和数量，也决定了她进行自我安慰、平静下来的能力。安静、警惕心强的婴儿啼哭的时候仍然不忘四处观看，侧耳倾听，有时也会把手掌或手指放进嘴里吮吸。周围的声音稍大，或者照料她的动作稍显突兀，都会使高度敏感的婴儿吓一大跳，放声大哭是她们释放压力的常用方法，这也使她们高度紧张的神经系统得到放松。活泼而精力旺盛的婴儿哭声高亢，并伴随着各种肢体动作和惊跳，哭声停止后她们会恢复活泼的状态。啼哭就是不同类型的新生儿探索新世界、与新世界进行交流的一种语言。

父母很快就会了解到怎样做能够成功有效地安抚啼哭的婴儿，可以在她的耳边轻声说话，也可以轻柔沉稳地触摸她的肚子。把她的胳膊稳固地收拢到她的腹部，可以制止因突然啼哭造成的惊跳，也可以避免啼哭继续发展；把她抱起来，紧紧搂在怀里，轻轻地摇动她，或者柔声地唱歌给她听，都可以有效地安抚她。给婴儿喂奶或者让她进行吮吸，可以让任何一个情绪失控的宝宝安静下来。不过，如果他们只是短暂的平静，很有可能意味着宝宝啼哭另有原因，需要警惕并竭力找到啼哭的真正原因。

超敏感婴儿

很多婴儿特别敏感，我们称之为“超敏感”婴儿，他们对噪声、光线、触摸和抚触手法，甚至喂奶方式都非常敏感。对待这样的婴儿要格外温柔。测试适用手法的时候，每次仅尝试一种手法。说话要平静，喂奶的时候不要盯着她看，或者说两种动作不要同时进行，不要一边摇晃她，一边给她喂奶。尽量确保环境安静。

活泼型婴儿

人们普遍认为婴儿不应趴着睡觉，这种认识会使活跃型婴儿更难安静下来。当婴儿仰面朝上躺着睡时，他们很容易产生突然的动作或惊跳反射，每一次惊跳都会造成“啼哭、乱动、更多的啼哭”的循环。这种循环一旦出现在活泼型婴儿身上，会很难打破，她会一直处在活动、惊跳、活动、惊跳中，直到把手放进嘴巴里吮吸，才会得到安慰。趴着，会让婴儿的动作受到限制，惊跳也会受到抑制。当趴着时，她仍然可以在床上

四处活动，头可以抬起来，从一边转向另一边，最终会把手抬到头的附近，把大拇指或其他手指放进嘴巴开始吮吸。不过，这种姿势只有在她清醒的时候才是安全的，成人应该待在她旁边，当她入睡后，应该把她的身子转过来。

为了避免惊跳反应，父母可以把婴儿用襁褓包裹起来，这种方式同样不安全（婴儿扭动起来很容易滑进襁褓中发生窒息），如果留下婴儿单独一个人，可以借助枕头让婴儿向一边倾斜，我也曾经把婴儿腰部以下用襁褓包裹起来。这样，至少她的腿无法参与到通常的惊跳啼哭循环中。同时，也解放了她的双手，可以让她发现自己的手进行吮吸。也可以把床垫稍作倾斜，使她一只胳膊的运动受到限制，这样可以减少婴儿惊跳。不过，这也很容易让她翻到一边，趴在床上，床单和柔软的床垫就会对她造成威胁。因此，活泼型婴儿的父母面对的挑战更大。他们可以尝试用襁褓把婴儿的腰部以下包裹起来，也可以尝试下面黑框内列举的安抚方法。

睡姿和婴儿猝死

现在，父母们遇到了一个新的问题。我们知道婴儿仰卧着睡觉时更少发生婴儿猝死综合征(Sudden Infant Death Syndrome，简称为SIDS)。如果婴儿被床单蒙上了脸，他们就只能呼吸自己呼出的二氧化碳，这会让他们变得虚弱，没有力量清理气道，有可能导致呼吸停止，引起婴儿猝死。现在，我们知道婴儿仰卧着睡时更安全。

虽然婴儿猝死很少发生，但父母还是要竭尽全力防患于未然。床单、毛毯、枕头、毛绒玩具等都有可能影响婴儿呼吸。新生儿具有令人惊讶的有效方法释放她的气道，如转动头部、咳嗽、用手推开蒙住她的东西，清除覆盖物。不过，并不是每一次都能奏效。松散柔软的婴儿床包装物会减少婴儿的氧气供应，应该从婴儿床上拿掉。任何妨碍空气流通的覆盖物都会聚拢二氧化碳，使本来健康的婴儿昏昏欲睡。这种情况继续下去，氧气减少，婴儿会神情恍惚，反应迟钝，无法清理她的气道或者将头抬起来从障碍物中挣扎出来。虽然婴儿具有天生的

防御能力，但婴儿猝死的惨剧还是让我们不敢放松警惕。

烦躁不安的第3周（腹绞痛）

在3—12周之间，大多数婴儿会出现烦躁易怒的哭闹期，这种现象通常发生在一天结束的时候。一天即将结束的时候，父母和兄弟姐妹开始感到疲倦，婴儿也变得越来越紧张不安。一点轻微的声响都会吓到她，使她惊跳；她的运动也变得突然急促起来；小脸皱在一起；胳膊紧紧地收在一起，拳头紧攥；腿紧张地猛烈踢腾。从她的动作看，好像肚子疼，刚刚喂进去的奶汁也被吐出了一部分。有些婴儿还会出现胃食管反流现象，人们就认为她烦躁不安是胃食管反流或回流引起的。如果医生诊断是胃食管反流，可以开些药剂帮助患病的婴儿。这个阶段烦躁哭闹的婴儿大多数不是因为胃肠反流的问题，医生可以帮助做正确的辨别。如果不是胃食管反流问题，医疗方面的治疗就起不到应有的作用。

既然这种易闹现象很常见，父母完全可以在易闹期到来之前提前了解相关情况。婴儿3周大的时候，一天结束时给她喂奶似乎并不能使婴儿满足。毫无疑问，婴儿的这种一惊一乍的神经质和超敏感会发展成没完没了的哭闹。父母提前了解这种哭闹期（我称其为一个“触点”），知道这个阶段对婴儿意味着什么，可以减轻他们面对这种情况时不必要的慌张和焦虑。如果他们知道这种现象是必然的，甚至把这种现象看作正常的日常反应，他们就不会那么自责。通过提前告知并帮助父母做好准备，我帮助很多父母使这个现象从每天持续3小时减少到了每天1小时，我们并没有消除婴儿的哭闹，但是，却使这种哭闹掌握在可控制范围内。

过去，儿科医生称这种现象为“腹绞痛”，人们认为，这都是消化系统惹的祸——通常认为这是胃食管反流或牛奶过敏。现在我们知道，婴儿这个时期的啼哭与这两个原因无关。相反，我们开始相信，婴儿这个时期出现的难以安抚的哭闹大多是神经系统的正常发育的结果。一直以来，儿科医生与家长一起竭尽全力想要阻止这种情况发生。在过去，我们曾经尝试了镇静剂和抗痉挛药，但是这些药物并没有起到确定的作用，除非，如前所述，婴儿确实患有胃食管反流，或其他不常

见的疾病。

在寻找解决办法的过程中，人们常常催促母亲把孩子抱起来，让她不停地给孩子喂奶或喂饭。如果这些办法不奏效，母亲们就会绝望地给医生打电话。通常，她们也会打电话给自己的妈妈。姥姥通常会说："你给她吃的配方奶粉不合她的胃口，喂对奶粉她就不会哭了"，或者说"都是你对她照看不周造成的"。听到这些话，不堪重负的新手妈妈立刻感觉自己很失败，不断自责，认为自己很无能。妈妈们对婴儿的忍耐更大了。这也使得人们认为孩子就是在这个阶段被惯坏的。幸运的是，我们现在对这种哭闹的了解越来越多了。

我对这种每天结束时都会哭闹的现象感到好奇，而且当父母试图制止这种情况的时候，它会变得更加疯狂。为此，几年前，我做了一项研究。我请80位身心健康的妈妈在婴儿出生后的头3个月对婴儿进行24小时记录，这项研究让我们收获颇丰。妈妈们说，她们的孩子每天结束时都要哭闹一阵子，这种规律是渐渐发展形成的，成为一种周期性的哭泣，不像是疼痛或饥饿引起的。只要把婴儿抱起来，或者照料她一下，或者给她喂些奶或者水，她的哭闹就会减弱。但婴儿依然皱着眉，行为表现得很神经质。突然改变光线或姿势都会让他们受到惊吓，产生惊跳。只要把他们放下，哭闹就再次开始。就算一直抱着，也无法使他们的哭闹停止，似乎做什么都没有用。

另一方面，妈妈们报告说，每天晚上哭闹结束后，婴儿的睡眠更加安稳，吃奶也更有规律了，两次喂奶之间的间隔延长到三四个小时，似乎是在为24小时以后再来一轮养精蓄锐。鉴于此，我们开始认识到这种哭闹期有可能是发育过程的正常阶段，并且有可能对成长很有帮助。理解婴儿哭闹的意义，可以帮助家长在孩子哭闹的时候不再那么紧张。

无论是哪个阶段，只要行为具有规律性，普遍来讲，都有它存在的意义。我们研究日终哭闹，越来越发现它看起来是一个自我组织过程——婴儿在一天结束时发一通脾气，为的是要让超负荷不成熟的神经系统得到释放。婴儿的神经系统尚不成熟，白天，婴儿对各种外界刺激来者不拒，吃饭睡觉的时间越来越少，超出了她的承受能力，一天结束的时候终至崩溃。及至过程结束，婴儿的神经系统得到重组，可以迎接下一个24小时了。在这个过程中，婴儿的睡眠—清醒循环更有规律了。妈妈们报告说，她们发现，在一天结束时，孩子哭闹，无需给她额外增加喂奶次数，每三四个小时喂一

次奶就可以了。这个阶段，孩子吃奶和睡觉都更好了，参与的游戏也更加复杂；她们会微笑了，并且开始咿咿呀呀地说话。清醒时间更长了，开始熟悉妈妈的节奏和爸爸的游戏方式。

我开始认识到，人生出现这几周让人难过的日子是有目的的。日终哭闹不仅使婴儿的睡觉、吃饭更有规律，这个阶段父母对他们的关爱格外密切，使婴儿更加意识到父母的存在。6—8周大的时候，婴儿已经能区别出父母的不同，也已经能从陌生人中认出父母。这个阶段的认知能力与神经系统的重组有很大关系，日终哭闹让人不堪重负，但是也值得忍受。

这个阶段到来之前，我将这个阶段即将发生的情景提前告诉父母，通常会遇到这样的问题："那我们该怎么办呢？袖手旁观，任凭她哭闹吗？"

我并不支持"任凭她哭闹"，我建议父母竭力尝试各种办法，发现婴儿的需要（见本章前面方框中关于"婴儿哭闹时，父母该怎么做"），不过，要记住，每种办法尝试一次就可以了。为了制止随机惊吓引起的哭闹，可以把婴儿抱起来，来回走动走动。如果需要换尿布，就给她换。如果婴儿安静下来了，试着给她喂喂奶，看看她是不是真的饿了。如果不是，不要再加重她已经很饱的胃部负担。然后，按照惯常的时间间隔，给她喂一点水试试，把她因哭闹而憋住的空气冲下去。“腹绞痛”指的是肠道气胀。婴儿哭闹的时候，随着每一次抽泣都要吞下很多空气。每隔10 ~ 15分钟，给婴儿喂一些温水，有助于婴儿打嗝，将空气排出。再没有比听到婴儿大声地打嗝释放出气体更让父母宽心的了。父母是多么盼望能帮助孩子从痛苦中解放出来啊！

照料烦躁哭闹的宝宝

1. 首先检查婴儿是否饥饿、是否尿布过湿或是否身体某处疼痛，之后，将她放在倾斜的椅子中，或者让她在床上躺10 ~ 15分钟。
2. 然后，抱起她，让她打嗝。
3. 给她喂些水。有些父母会帮助婴儿打嗝，或者让婴儿通过吮吸获得自我安慰。
4. 然后，把她放下，任凭她哭闹10 ~ 15分钟。你会像我一样发现，照料她越少，她哭闹得越少。日终哭闹，持续1 ~ 3小时是正常的。

不要过度照料婴儿。一旦你确信宝宝不饿、尿布干爽、也没有疼痛搅扰，你要么用非常安静、少刺激的手法继续安抚她，要么就任凭她哭一会儿吧。如果这个时候她对触摸不那么敏感排斥，给她做一些温柔的抚触会对她有所帮助。尝试一下上面框中的方法，一旦发现不奏效，立刻停止！父母过度照料或过度焦虑会让婴儿超级敏感的神经系统负荷加重，婴儿的哭闹会更加持久。

仔细观察婴儿的脸部和身体，了解她的规律。打嗝过后，留意她是否平静下来了。把她放回摇椅或小床后，她可能会左右观望一下，轻微地皱皱眉，小哭两声，随后，渐渐提高嗓音，再次恢复哭闹节奏，很可能还会伴随着身体扭动、胳膊腿猛烈踢打、眉头紧皱（但不像疼痛）等现象。如果把她抱起来，和她说说话，她又可以安静下来，这表明，她哭闹不是由疼痛引起的。

父母们还是会担心，如果任凭她哭闹10分钟之久，会不会错过她哭闹代表的真正需求。孩子的行为会告诉你是不是这样。如果抱起来，她就停止哭闹，安静下来四处查看，可以给她喂一些温水，让她打嗝，如果她在你臂弯里身体柔软起来——就表明你没有错过什么严重的问题。就算是这样，一旦把她放下，她会再次哭哭啼啼起来。相反，如果她哭得越来越厉害，越来越让人摸不着头脑，聪明的做法永远是赶紧去问一下儿科医生或护士她到底是怎么了。

这个阶段要做各种尝试，无法跳过，可以将其看作一个“成长的触点”，在这个阶段，父母和孩子都在进行学习和尝试。我的意思不是说在这个阶段要忽视孩子的需求。如果她哭得越来越厉害，一定要引起重视。如果哭闹变得更加强烈和持久，要寻找其他可能的原因——比如，是不是对现在喝的奶过敏，是不是胃酸反流到了食管，她在发出急切的呼救。

但是一定要静心观察，耐心等待那让人鼓舞的结果的到来：哭闹之后，孩子吃饭睡觉都变得更好；她那敏感的、正在发育的神经系统得到了重组。很快，她就会发出微笑、牙牙学语、从众人中认出爸爸和妈妈。

第4—6周

在这个阶段，或者在这个阶段之后，婴儿的日终哭闹，有可能会达到高峰。在这个时期，医生和护士会对婴儿进行常规检查。只要婴儿的体重持续增长，其他方

面发育也正常，父母就可以放心，大可不必为婴儿哭闹焦虑。

这种哭闹在出生第3周开始出现，会使正在发展中的亲子关系充满压力。很多父母在面对这种现象时经常感到孤立无助和害怕。然而，如果得到足够的支持，父母就能理解这是孩子成长的重要阶段，是必须要面对的困难，就不会再被它们困扰和控制了。

什么时候该担心

有几个重要的信号可以帮助你理解婴儿哭闹的原因。

极度刺耳或尖锐的哭声很可能是由疼痛引起的，常常意味着需要就医。这个年龄段的哭闹通常发生在下午稍晚的时候或者傍晚，每周至少哭闹3天。这以外发生的哭闹，大多另有原因。日终哭闹一般不会超过3小时，通常在三四周大的时候开始出现，8周大的时候发展到高峰，三四个月大的时候消失。如果宝宝的哭闹与这个规律不符，或者4个月以后依然哭闹不止，你应该带她去看医生。

胃食管反流 如果你的宝宝经常胃反流、呕吐，体重下降，她有可能是患上了胃食管反流症。不过，50% 的婴儿在2个月大的时候，每天都会发生至少两次食物反流。患胃食管反流症的婴儿属于少数，3个月以下、有“腹绞痛”的婴儿不足5%。有胃食管反流症的婴儿通常会伴随其他症状：哽噎、窒息、易怒、暂时性呼吸停止、打嗝、拒绝进食（即便是饥饿的时候，也会把头扭开、拱起身子），体重下降等。出现这些症状的时候，要去看医生。

牛奶过敏 对牛奶过敏的婴儿，和“腹绞痛”患儿一样，也不像之前认为的那样常见（人们曾经认为10% 的3月龄以下的婴儿都患有“腹绞痛”）。对牛奶过敏的婴儿，有时候会伴有呕吐、腹泻（有时便血）症状，有的具有哮喘或湿疹等家族病史。儿科医生会为你推荐很多牛奶替代品供你尝试。

其他原因 这个年龄的婴儿哭闹还有一些特别罕见的原因，比如，心脏疾病或偏头痛，这两种原因引起的哭闹，无论是抱起、放下，都无法得到缓解。患有偏头痛的婴儿的近亲通常也有偏头痛病

史。哭起来持续不断、难以安抚，也有可能是母亲怀孕期间用药影响到胎儿，直到出生依然存在。还有一种原因比较罕见，哺乳期间母亲用药通过母乳影响到婴儿。另外，身体上的虐待也会让婴儿哭闹不止。很多父母都担心自己对哭闹不止的孩子失去耐心和自控。这个阶段困难重重，父母和婴儿都会面临很大风险。如果孩子的哭闹让你无法承受，一定要去寻求儿科医生、护士或其他专业保健人员的帮助和支持。

产后抑郁

大概10%的产妇生产后头12个月都会受到产后抑郁的影响。过去，人们通常认为抑郁的妈妈很容易使婴儿烦躁哭闹。现在，人们越来越发现，易哭闹宝宝也会加重妈妈产后抑郁的风险。

妈妈面对哭闹不止的婴儿时通常都会感到抑郁无助，她会用尽办法，竭尽全力地想要让宝宝安静下来，对婴儿期望过高，使事态更加糟糕。有些妈妈会认为婴儿哭闹都是她的错，却一筹莫展。母亲的产后抑郁在婴儿出生6周的时候会发展到最高峰，她会担心自己不爱孩子，或者担心自己对孩子的关爱不够。她可能会感到与孩子不亲近，无法感受到与孩子在一起的乐趣。因此，孩子易闹、不受安慰，很容易加重母亲的这种情况。同时，患有产后抑郁的妈妈也会将孩子哭闹看作孩子对自己的责备，甚至拒绝。

患有产后抑郁的妈妈通常无法正确解读各种现象，她的丈夫和家人也和她一样，爸爸在这种情况下，通常是既矛盾又绝望。妈妈产后抑郁，家人很难主动向外界寻求帮助。如果发现得快，及时给予妈妈专业精神健康方面的治疗和干预，会极大地改善妈妈和婴儿的状况。

妈妈的休息时间

婴儿易闹期间，无论妈妈是否患有产后抑郁，她都需要有休息时间。家人、朋友、儿科医生、护士对她们的支持极其重要。

和其他很多国家相比，我们对新手父母的帮助相对较少。在日本，长崎海岸边的五岛列岛那里，孩子出生以后，妈妈会回到娘家。她和婴儿一起躺在床上，她

的父母、嫂嫂们、姑姑们、祖父母们聚在一起，共同照顾她和婴儿整整一个月。在此期间，她会得到全方位的周到帮助，妈妈亲手拿筷子夹食物给她吃，她像婴儿一样接受大家给她的按摩。大家跟她说话的声音甚至都是细细的，她回答的声音也细细的，就好像她自己就是一个婴儿。她唯一的工作就是给婴儿喂奶。这里的医生告诉我，他们这里连一个患产后抑郁的产妇都没有。一个月以后，妈妈回到自己的家里，照顾婴儿，帮助丈夫补网、杀鱼，这就是他们的渔业文化现象。

无论是哪里的妈妈，我盼望她们都能享受到五岛列岛产妇的待遇。我希望，在美国，正在经受婴儿哭闹的妈妈们能够得到专业人员或家人的可靠支持和帮助。

婴儿学习自我安慰

在婴儿成长的过程中，父母有一个重要的任务，那就是帮助婴儿学会自我安慰。每次看见4—6周大的婴儿学着用各种方式安慰自己时，我都会非常开心。他们会用吮吸大拇指、安抚奶嘴等安抚自己，或者在床上寻找一个舒服的位子，使自己更舒适。在波士顿儿童医院，当我们看到某个婴儿已经会吮吸大拇指对自己进行安抚时，就知道这个孩子内部发展已经到了可以自己对付孤独和难过的程度了。

仔细观察婴儿安抚自己的过程，你会发现很多细节。她会在小床上拱来拱去，似乎知道她必须自己解决问题，否则，她会失控、哭闹、受到惊吓。自我安抚是获得独立的第一步，也是婴儿最早体验到的一种成功。

我一直鼓励父母要欣赏和珍视婴儿的自我安抚能力。安抚奶嘴也能帮助婴儿控制哭闹，把注意力转向自身之外，对周围的世界进行观察学习。但愿所有婴儿都有可以用来吮吸的东西。（当然，这个东西要不容易破碎，个头足够大，以免被婴儿误吞，并且要无毒。）当然，也可以是妈妈的乳房或婴儿自己的大拇指。不过，如果婴儿过多依赖妈妈的乳房，会导致妈妈崩溃。她的乳房需要一个循环时间：被吸空，休息，再被吸空，中间要有修复和分泌奶汁的时间。我发现6周大的时候，婴儿开始形成3小时喂奶和睡眠规律。如我们之前看到的那样，日终哭闹似乎正是形成这个循环的组织过程。婴儿的作息越来越有规律，两次喂奶之间越来越安静。

如果婴儿还没学会自我安抚，我一般会建议在白天对她进行自我安抚训练。晚上，她要应付从沉睡中突然醒来的情况，操练已经够多了。所以，额外的训练要

在白天进行。帮助她找到自己的拳头或手指，建立吮吸规律。不同文化背景对小婴儿进行自我安抚的看法各不相同，小婴儿的自我安抚方式也各不相同。美国主流文化普遍接受婴儿吮吸大拇指或安抚奶嘴。

有时候，我们自己过去的经历会在很大程度上影响我们现在处理婴儿哭闹的方法以及我们对婴儿自我安抚方式的看法。记得我家第一个孩子刚刚出生的时候，我急切地想要她学会自我安抚。她非常容易照料，吃饱就甜甜地睡，睡醒就乖乖地吃，非常有规律。她很早就开始吮吸手指，是她的中指和无名指，不是很常见。她很积极、很大声地吮吸这两个手指，看起来既满足又享受。不久，我发现自己总是把她的手指从嘴巴里拔出来，就像是，我总想制止她似的。我妻子对我的做法很不赞同，责备我不该干扰新生儿的吮吸模式。有一天，我妈妈来看望我们，看见孩子在吮吸手指，就说："太奇妙了！她和你小时候一样，喜欢吮吸自己的中指和无名指，我总是把你的手指从嘴巴里拔出来。"这时我才发现，原来我一直对付的是自己幼儿时期的"幽灵"。

我们过去的经历确实影响着我们现在的行为。一旦认识到自己抗拒女儿吮吸模式的原因，我立刻停止了对女儿的干涉。发现自己潜藏的“幽灵”，有助于改善我们对待孩子的行为方式。我们童年时候的抚养经历严重影响着我们的养育能力，无论是好的还是坏的教养方式和态度，都会被我们带到对下一代的养育中。

第8周

出生第8周，通常来讲，婴儿的日终哭闹会发展到最高峰，并且开始出现减弱的趋势。作为哭闹难缠阶段的回报，婴儿学会自我安抚、神经系统获得组合发育的成果就要显现出来了。如果你安静地站在婴儿身边，和她说话，她会向你微笑，或者咿呀回话。哭闹行为逐渐消失，婴儿更容易被读懂了，她也随时可以参与各种游戏了，这对父母和婴儿来讲，都是一个让人激动和兴奋的触点。

这个时期，婴儿不仅在日终的时候会哭闹，她随时都有可能毫无预期地哭闹起来，只是持续的时间没之前那么长，也不再那么吓人了。这个时期，人们会越来越发现她每次哭闹都有明显的目的。目前为止，婴儿很可能已经学会用哭泣来召唤父母。如果啜泣不奏效，她

要么转为自娱自乐，要么就放声大哭起来。这说明她已经知道哭泣的力量，利用哭闹，可以把你吸引过来，给她喂奶、换尿布，或者和她说话。她的行为已经表明，她需要时不时地和你游戏互动一下。

在白天，这种要求颇多的哭声还比较容易对付。有些父母甚至说他们很喜欢听到孩子用哭声召唤他们，这使他们感到自己不可或缺，也表明婴儿知道他们的重要性。但是，在繁忙的一天就要结束的时候，父母已经很疲惫了，这种哭闹就不好玩了。有些父母感到自己被孩子的哭闹"操控"了。"她这么小，控制欲就这么强，再大一些还了得！我可不想她一叫唤我就跑过去，这还不把她给惯坏了。"

新回报

毫无疑问，回应很重要。从婴儿那里得到欢快的回应，父母会大受鼓舞。在这个年龄段，完全不必担心及时回应婴儿会惯坏她。事实上，结果恰好与此相反。婴儿2个月大的时候，如果你每次都能及时回应她，她更有可能成为一个开心知足的婴儿。只要你出现在她的面前，向她俯下身子，她就会浑身扭动摇摆。她知道你是为她走过来的。稍后，你不再和她逗乐的时候，她会自娱自乐。

这个时期，作为一种丰厚的回报，婴儿的微笑会越来越有规律，含义越来越明确，不再是无意义的随机动作。8周大的时候，她会主动微笑，微笑次数也更加频繁。这表明孩子发育良好，这些现象让父母非常兴奋，很受鼓舞，心生安慰。

婴儿学着用面部表情表达自己，与此同时，她与父母的交流能力也越来越强，父母也越来越感受到她能力的增长。婴儿的每一个微笑似乎都在激励父母更加热切地寻找更多让她微笑的方法。

现在，父母已经知道如何应对婴儿的哭闹，他们开始期盼与婴儿进行开心有趣的交流。婴儿表现出来的最早的认知能力，就是能够将爸爸妈妈区别出来（见下面方框中的内容），这也表明婴儿和父母建立了良好的关系。有些父母总忍不住要问“她能认出我吗”，答案是肯定的。

这个阶段的后期，当婴儿接近3个月大的时候，如果父母模仿婴儿的面部表情，大多数时候，婴儿都会以微笑做回应。父母柔和的声音创建出一种爱的氛围，将父母和婴儿笼罩在其中。父母向婴儿微笑，带动婴儿微

笑着回应他们，并且婴儿的微笑越来越明确。儿童心理学家兼作家丹尼尔·斯特恩（Daniel Stern），称这个阶段为互动“游戏”阶段。母亲微笑，婴儿也微笑，母亲冲婴儿微笑，婴儿也以微笑回应她——这种互动会持续三四个回合。同时，婴儿身体的每一个部分都会做出回应。她的手指、脚趾、腿、胳膊、脸都在微笑，每分钟微笑三四次。哪有父母不愿意随时与婴儿做这样的游戏呢！

对婴儿微笑的次数越多，婴儿发出微笑的频度越高，回应父母逗引的次数也越多。新手父母满怀热情，当婴儿微笑的时候，他们立刻用微笑回应她。这时，父母就会切实地感觉到：“我做得真棒！”他们感受到成功的喜悦，越发积极寻找各种方式与婴儿互动。

实　验

通过这个实验，我们可以看到婴儿在这个阶段学到的技能。

- 在一个房间里，以妈妈和婴儿单独相处开始。
- 让婴儿倚靠在45°倾斜的婴儿座椅上。
- 妈妈做这些事的时候，不要盯着婴儿看。

- 然后，让妈妈在婴儿面前安静地坐下来，和她说话。
- 当妈妈和婴儿说话的时候，观察婴儿的胳膊、腿以及面部表情。
- 婴儿朝妈妈微笑、咿咿呀呀说话的时候，妈妈安静地模仿她，以此回应。查看她是否用眼睛、脸、胳膊、手、腿和脚与妈妈“交谈”。她身体的每个部分的动作都安安静静，表明她认出了妈妈。她手脚的指头每分钟向外伸出又收回三四次。
- 现在，请爸爸坐到婴儿的前面。
- 你可以看到，婴儿的脸一下子亮起来了。眉毛上挑，眼睛放光，手脚迅速伸出，好像在等待父亲和她玩耍。
- 父亲戳弄她、和她开玩笑的时候，仔细观察她的举动。有些父亲会戳弄婴儿，有些会挠婴儿的痒痒，还有一些父亲会做些其他的举动。
- 婴儿身体的每一个部分都会向上“举起”，等着爸爸以他特有的方式和她交流。

● 父母的风格不相同，婴儿会了解父母各自的不同，并且以不同的方式回应他们。

认识各种啼哭

婴儿8—10周大的时候，更容易识别婴儿各种啼哭的含义了。我们在前面谈到的各种区别特征越发明确。到了这个阶段，吃饭、睡觉、醒来都更加有规律。家人开始盼望婴儿形成固定的作息规律。作息规律可以让父母更容易判断每次啼哭的含义——参照上一次喂奶或睡觉的时间，可以判断是不是到了该给她喂奶或让她睡觉的时间，是不是醒来很久却没人和她玩耍？父母开始感觉到已经渐渐认识自己的孩子，知道宝宝啼哭的原因了。

无聊

无聊的哭是一种持续的抽泣。她的头左右摇摆，寻找她的拳头或者安抚奶嘴。只要你向她弯下身子，甚至从远处和她说话，她就会停止抽泣。

疲劳

疲劳的哭发生在一天结束的时候，通常是白天过于兴奋，受刺激太多。这种哭听起来像是腹绞痛引起的，又像是日终哭闹。安慰她，让她安静下来，不要给她更多刺激。

疼痛

这个阶段，因疼痛引起的啼哭特征很明显，父母已经很熟悉其他类型的啼哭。因疼痛而起的哭声尖利，哭起来没完没了，会让听的人很惊慌。她的脸会紧紧地皱在一起，眼神锐利，满是恳求。她的胳膊和腿蜷在一起，缩成一个球，似乎想要保护自己。她也可能会拱起背来。看到这种情形，你会心跳加速，喘不过气来，满心绝望。她哭得昏天黑地，没有任何要停止的迹象，直到哭累了，声音才会低下来，然而，好像怎么做都无法长时间消除她的痛苦。如果摸遍她的周身都无法找到痛点，一定要尽快就医。

这个阶段，你和宝宝之间已经相互了解了很多，回顾一下之前的日子，就会发现，之前你对婴儿的了解是多么有限。那时候，孩子所有的啼哭听起来都一样，无

非是想让你满足她的某种需求。那时候，她的啼哭对你来说意味着要做各种尝试，完全不知道她为什么哭。你用尽所有的办法，却有可能不仅于事无补，反而使事态更加恶劣，很有可能，你不仅没有安慰到她，反而使她哭得更加伤心。

现在，经过几个月的磨合和学习，你感觉自己已经可以区别出宝宝的各种啼哭了。她的啼哭依然代表着强烈的需求，但是你已经能够应对自如：要么，把她抱起来，用力搂一搂；要么，坐下来，把她摇一摇；或把她的大拇指或安抚奶嘴给她吮吸，看看吮吸是否奏效；甚至，轻声地向她吟唱，或者俯身和她说话。作为她的父母，你感觉非常奇妙，开始建立起自信。尽情享受这种感觉吧，为你和她学到的一切感到骄傲吧。连“腹绞痛”也没那么可怕了，你甚至会思考这种啼哭存在的目的和价值，现在，你已经不再把各种啼哭混为一谈了。

第4个月

啼哭与明确的沟通

这个时候，日终啼哭现象已经不再出现（如果继续出现，一定要寻求专业人员帮助，找到啼哭的真正原因），而饥饿的哭、不舒服的哭、无聊的哭、需要关注的哭等已经很好识别。日常作息规律已经形成，已经形成了固定的喂奶时间。如果还是常常哭，或者啼哭没有规律，做出应对之前，先任凭她哭一会，看看她会不会自己寻找到解决方案。如果她依然无法自己安静下来，帮助她研究一下这个新现象。这个年龄的婴儿应该已经形成作息规律，三四个小时一个循环，吃饭、睡觉、做游戏都遵循这个规律。到这个年龄，她应该已经能够做到：(1) 找到自己的拳头；(2) 在床上不住地拱动，直到找到舒适的姿势；(3) 接受安抚奶嘴，主动伸手接过并热切地握在手中；(4) 喜欢玩悬挂在她上空的玩具或者其他活动的物体，并且会盯着它们看。这个举动持续时间不长，但是足以让父母注意到她的这种新的自

我娱乐方式。这是她踏上独立征程的极重要的一步。另外，(5) 如果这一切对她都没有效果，她已经可以让你知道这个结果。她传达的信息对你来讲已经很明确，你的信息在她那里也一样。你们双方都认为已经认识对方了。

夜间啼哭

婴儿晚上的啼哭依然尖利急促不容忽视。不过，很快，她就会形成规律，每三四个小时迷迷糊糊醒来一次，在床上摸索一阵子，可以继续入睡。这样，她在夜间的睡眠时间就可以增加到八九个小时。不过，有些孩子可能还做不到这个程度。4个月大的时候，很多婴儿在夜间会每三四个小时醒来一次，醒来以后，还做不到再次独自睡着。婴儿哭起来的时候，很多家长认为必须立刻做出回应：喂奶、抱起来摇一摇、轻声唱歌、安抚一下，等等。父母急切地做出各种尝试，以便能让自己尽快“回去睡觉”。成人缺乏睡眠会导致崩溃。他们会被婴儿的啼哭逼到极限，以致筋疲力尽。幸运的是，大多数家长都可以抑制近乎失控的情绪，并积极寻求帮助。

这时，父母应该让婴儿继续躺在床上，帮助她尝试独自入睡。然而，决定让婴儿独自入睡不是一件容易的事情。婴儿没完没了地哭闹，促使父母感觉“必须”做些什么：(1) 给婴儿喂奶；(2) 把婴儿带回自己的大床；(3) 竭尽全力地做任何能想得出来的尝试，以停止婴儿的哭闹。

夜里，父母睡眼惺忪，很难想出什么奏效的办法，所以，应该在白天的时候多多思考，评估各种情况，做好应对各种哭闹的准备。如果夜间啼哭只是偶尔发生，并且事出有因，比如，白天过于兴奋，那么，晚上啼哭有可能是她释放白天压力的一种方式。如果是因为她找不到自己的大拇指或安抚奶嘴而啼哭，温柔地帮她学会如何找到它们。你也可以把安抚奶嘴固定在她的袖子上，不过，一定要注意，要松松地系上，不能阻碍她的血液循环，系的带子不能太长，以免缠住她的脖子或身体的任何部位。由于是躺着睡觉，她很难避免惊吓引起的惊跳，把她自腰部以下用襁褓裹起来，有助于避免惊跳。一定要小心，不要包裹得太松，以免她滚来滚去，被襁褓蒙住头，导致窒息，如果她晚上特别活跃，更要格外留意。

教她自己平静下来，不是任凭她哭累了睡过去，而

是沉着温柔地安抚她，让她渐渐再次进入睡眠状态。父母激动或者发怒的情绪会传递给她，而她需要向你学习如何安静，试着坐在她小床旁边的摇椅上，轻轻地拍拍她，安慰她，对她说："你可以自己睡着的，你一定能行！"这么对她耳语，也会坚定你自己的信心，度过令人心力交瘁的夜晚。

好奇心的萌芽

这个阶段，会出现一种新的啼哭。婴儿四五个月大的时候，意识能力大爆发，形成一个新的触点。她对周围的事物和声音越来越好奇，但是每一个触点都有相应的代价。4个月大的婴儿对周边的事物充满兴趣，眼观六路、耳听八方，对妈妈的乳房和奶瓶的兴趣有所减少。她的能力增强，可以把玩具拿在手上把玩，探索各种物件的兴趣大增。她把东西放进口中，也用手摸遍物体的每一个部位。如果感触到、看到或听到什么，她脸上立刻表现出高兴的样子，开始进一步的探索，尝试三四次以后，便失去兴致，开始吭吭哧哧地抽泣。如果玩具掉落了，她也会冲着身旁的父母吭哧抽泣，好像在说"帮帮我"。父母把玩具捡起来递给她，一两次后，她再次显出明显的厌倦状态。换个玩具可以让她再次兴奋起来。不过，很快，她变得烦躁易怒，猛烈摇摆她的脑袋，貌似现在做什么都没用了。

这种情形会让父母很沮丧，但是聪明的父母会把她抱起来，搂一搂，抱一抱，或者抱着她来回走动一下。不多时，再次把她放进婴儿床，让她自己安静下来。起先她会哭闹一会儿，打一个小盹再醒来，就又可以继续探索周围的世界了。不过，很有可能没有任何东西可以长久满足她。她正在迈向探索、玩耍和自我调整的新阶段。吃饭、睡觉等旧的作息规律都将受到影响。新近出现的这种哭闹有可能意味着她厌烦了，有了新的要求，累了，或者是想要有人陪伴，不想一个人待着。不管父母多么乐意为她解决问题，都要管住自己，给她机会让她尝试自己解决问题。

首次经历陌生感

在我的诊室，这个年龄段的婴儿，与我隔着办公桌的时候，多半会对我咧着嘴巴微笑，甚或格格笑出声。但是，当我把她放在检查台上，要把她的外衣脱掉的时候，她的面色会立刻变得非常严肃，身体紧张。她这是

在警告我，她意识到了周围环境的陌生。她用肢体行为告诉我，她对新事物非常敏感。如果这个时候我俯下身子对她说话，她就会保护性地哭叫着制止我的举动。如果我试图说话安抚她，她的哭声会越发响亮。如果我试图把她抱起来，搂抱她、安抚她，她的反抗会更激烈。

这是“陌生意识”的早期反应。陌生意识通常在8个月大的时候得到充分发展。她不愿意在陌生的环境中被陌生人照料，对此，爷爷奶奶要留意。当她刚表现出对我的抗拒和排斥时，我立刻邀请她的父母站在我们俩旁边，这样，当我对她进行身体检查的时候，她就不必盯着我看。这样做非常奏效。只要让她看见父母，婴儿就允许我戳弄她，按压她的身体，用听筒听她的心跳和肺音，甚至检查她的耳朵和喉咙。

娱乐和游戏

父母中哪一个更热衷逗宝宝笑？当然是爸爸！研究发现，婴儿对爸爸、妈妈以及他人的反应是不一样的，婴儿对生命中每一个重要成人都有不同的反应模式。如果你做了本章前面所说的“实验”，就会发现，和妈妈在一起，婴儿通常很安静，胳膊、腿、手指、脚趾的动作都很平缓，面色发光，带着微笑。一旦爸爸进入婴儿的视线，她的所有反应都会发生变化。她仰起脸，眉毛、睫毛、嘴巴、头都呈现出无比欢欣迎接他到来的姿势。和爸爸在一起，她更喜欢笑出声而不是浅浅的微笑，她会咯咯大笑而不是低声软语。她身体的每一个部位都做好了被戳弄、被逗引的准备，她整装待发，准备参与爸爸发起的各种游戏。她已经知道爸爸和妈妈非常不同，她以不同的行为反应来回应父母不同的行为模式。她知道他俩不是同一个人，并将这种认知表达了出来。

随着婴儿调动面部肌肉发出微笑的能力不断增强，她微笑的次数越来越多，让她周围的人越来越激动。她已经能够主动吸引人，抓住对方的关注了。她开始感受到自己的这种力量。4—5个月大的时候，她对周围的兴趣越来越大，她通常会大声叫嚷或者大声说话，以便引起他人的关注，当她希望吸引来的人靠近她，她的微笑会更加明显，她的面孔也参与到这种尝试中。她认识到她的微笑很有威力，她甚至会咯咯笑出声来。咯咯笑和笑出声，一般都发生在意想不到的事情发生之后。

接下来的几个月中，游戏模式不再仅限于“躲猫猫”，一旦游戏开始，任何意料不到的情况都会让她大

声笑出来。她的笑声具有极大的感染力，笑过之后，父母通常会戳弄她，试图让她发出更多的笑来。笑声和躲猫猫等惊喜游戏会一直进行下去，直到婴儿感到累了，她会用眼睛发出示意，或者把头转开，表明："我玩够了，不想继续玩了。"

在整个婴儿期和童年时代，儿童召唤重要人物到身边来的主要方法之一就是微笑和咯咯笑。在随后进行的游戏中，父母和婴儿都感受到他们之间存在着一种可靠而良好的沟通系统！

如果婴儿6个月大的时候，面对大人或者其他孩子，还不会发出微笑、不会扭动身子或咕咕说话，我就会怀疑她是否患有抑郁症或者不爱与人交往，或者她的社交能力或沟通能力是否发育滞后，有可能需要精神健康专家的帮助。

牙牙学语

我们做了一项研究，让婴儿坐在婴儿座椅上，让父母俯下身子和她交流。在3分钟的时段里，他们的交流呈现出一种你来我往的模式，你对我笑——我也对你笑，你对我咕咕说话——我也对你咕咕说话。婴儿咯咯笑出声，胳膊和腿向外伸展，很开心地向父母表明：“你在这里和我在一起，我们正在进行交流。”

在进行这种“游戏”的过程中，婴儿能够控制自己不受惊吓，一心一意模仿父母。咕咕说话是这种游戏不可缺少的一部分。虽然她对爸爸、妈妈以及其他人的反应各不相同，她发出的声音却是可预测的，而且持续时间很长。妈妈坐着，和婴儿你来我往地咕咕对话至少达三四个回合。如果是和爸爸在一起，三四个回合以后，咕咕对话就会升级为尖叫。很快，爸爸身体前倾，坐到婴儿座位旁边，对婴儿又是戳弄、又是逗笑，将婴儿带向兴奋高峰。妈妈更倾向于温柔、安静地抚慰宝宝，满足于和婴儿柔声说话。

6—7个月的时候，牙牙学语渐渐露出“妈—妈—妈”甚至“大—大—大”的苗头。有件事情我一直认为很有意思，那就是，爸爸似乎就是那个被委派来专门让她激动又快乐的“大—大”。婴儿咯咯笑着，浑身蠕动，特别卖力地要把这个声音发出来。说“妈—妈”的时候，她们要平静安稳得多。这是表明她们已经学会使用“单词”表达自己的意思了吗？或是父母为了区分妈妈和爸爸有意识地教导婴儿说“妈—妈—妈”“大—大—大”？这个时候，她们还没有完全掌握这两个词的发音，

不过，这已经是父母和小朋友一起游戏互动的不可分割的组成部分。

第7—8个月

“帮帮我”

6个月大的时候，婴儿还不能用胳膊将自己撑起来，也不能自主翻滚；坐着的时候，她常常笨拙地坐成一团，下巴抵在胸口上，胖胖的肚子向上凸出。她尝试着想坐直身子，试了几次，都不成功，笨重的脑袋最终还是无力地靠在了肚子上。如果这时你出现在她面前，她就会用含着责备和盼望的目光看着你：“你怎么把我摆成这样一个姿势？我想尝试一下新学到的技能都不行。我真笨，太无能了。”她哼哼着，抱怨着，呜呜咽咽地哭起来，就像是在说：“帮帮我呀！”哭声尖利，带着请求。任何一个父母都明白这哭声传递的信息：“要么把我抱起来；要么把我放平，让我自己翻滚到想去的地方；或者把我再竖起来一些，好让我能拿到玩具自己玩。不要任凭我这样，丢下我不管。”

婴儿急切地想从这种被动的、不能独立行动的境况中挣脱出来，这种愿望促使婴儿开始学习支配她的身体。再过一个月，她就能够自由翻滚，调整自己的姿势，肚子朝下趴着，四处爬行，这一系列的动作非常连贯，一气呵成。父母眼看着这一切发生，满心激动，却有可能没有意识到，小家伙这时已经踏上了独立的道路。这一新技能练成之前，婴儿可能会产生一种新的沮丧的啼哭和抽泣，不过，这种情况不会延续很久，挫败会促使她找到新的解决方案。

与此同时，随着接触范围的扩大，她可能会因为另一种挫败感而失声痛哭。她在地板上爬来爬去，总想把一些小东西捡起来，但是，总是失败。七八个月大的时候，她一直不停地看见东西就想捡起来，并且时不时地把桌子上的东西丢下去。东西丢下去以后，她会向东西落下去的方向盯着看，想要拿回来。我们把这种现象叫作“客体恒常性”——她知道虽然看不见，物体却依然存在。当拿不到时，她就哭叫，好像在说：“帮帮我！”父母若甘心配合，会受到这种哭叫的摆布。如果把东西递给她，她会翻过来敲打这个东西，随后笨拙地再次把它扔下去。她知道你就在旁边，随时可以和她做这个游戏，她会一次又一次地哭叫。面对这种情况，父母常

常会很困扰，“要一次又一次地帮她捡起来吗？”当然，如果你甘愿参与她这种“抛下—捡起—再抛下—再捡起”的游戏，你可以一次又一次地帮她捡起来。不过，毫无疑问，如果她一直努力操练自己捡起物体，她会变得更加灵活。

把挫败的啼哭变成学习的过程

想做却做不到，会让幼儿感到非常挫败和沮丧，也强烈地促使她不断学习新的技能。晚上把她放回小床后，不要马上离开，留心对她仔细观察。她很可能会翻身爬动。有时她也会举起手来，在光中仔细研究，看得非常入迷，她会不停地舞动手指，似乎是在努力研究如何更好地让手指运动。有趣的是，通常情况下，因为不想被放回床上，她会哇哇大哭，以示抗议。由于沉迷于操练手指运动新技能，她的哭泣很可能会突然停止。我家的孩子这么大的时候，每次把她放回小床之前，我们预定她会不开心地表示抗拒，时刻准备着要用尽办法安抚她。如果她哭起来没完，我们就跑过去抱起她摇一摇，给她唱摇篮曲，读书给她听等。然而当她抗拒的哭声却嘎然而止时，把我们吓坏了，一路小跑来到她的小床前，仔细查看，担心她喉咙卡住了，窒息了，担心发生任何让我们惊恐的事情。然而，事实上，她只不过是在操练她的手指新技能，我们突然觉得自己有些大惊小怪了。

沉寂无声更危险

婴儿匍匐前进、随意爬行的欲望越来越强烈，一种新的啼哭也随之出现：爬着爬着，她可能被卡住爬不动了，这时候她就会无助地哭叫。你必须到她那里去帮助她。她很有可能遇到了危险，不要指望她能开口警告你她的危险处境。她的这种爬行新技能要求父母必须对她的活动范围进行彻底的检查，以确保安全。她有可能无比沉溺于操练新技能，到处爬来爬去，翻滚着，寻找各种新的物体进行研究和学习，沉寂无声可能会比抗议的哭叫意味着更加严重的警报。

随着她用手指抓取物体和四处探索的能力增强，沉寂无声可能意味着她遇到了危险。她捡起各种物体塞进嘴巴里，既安静又满足。被她塞进嘴巴的东西有可能个头很小，却足以让她卡住喉咙，也有可能非常尖利，会划破她身体的内部，也有可能是家里使用的某些

有毒的东西。跪下来，在整个家里仔细寻找任何有可能被她抓起来放进嘴里的物体。听见她在房间里四处爬行的声音，或者偶尔发出表示抗议的、犹犹豫豫的哭声，反倒让人更安心，通过这些声音，可以知道她的下落，确认她的安全。婴儿沉寂无声，应该被当作她向你发出的一种预警："我遇到麻烦了！"

陌生人焦虑

8个月大的时候，婴儿会出现陌生人焦虑症状。比如，带宝宝去姥姥家做客，你妹妹刚好也在。姥姥家的每个人都飞奔过来迎接你和宝宝，每个人都想把宝宝抱过去。然而，聪明的话，你最好婉拒她们的好意，告诉她们："还是先让我抱着她吧，让她慢慢适应你们。最近，她不喜欢被人抱来抱去。"这个时候，她会更紧密地贴紧你。如果你忙着说话，很有可能会忽略这个细节。你明明知道这些亲戚她都认识，然而，你会发现面对蜂拥而至的亲人时，她身体变得僵硬，双手死死攥住你的衣服，面色冷峻——近乎绝望地盯着你的妈妈和妹妹。当有人向她靠近，和她说话，伸手要抱她时，她会突然号啕大哭，尖叫着把脸藏起来，狂乱地贴在你的身上。所有的人都涌上来要帮助你，这只会让她尖叫得更加猛烈，以至于喘不过气来。面对这种情况，你的家人忍不住要质问你，“这是怎么了？”你盯着地板，恨不得找个地缝钻进去。

不幸的是，这种现象是8个月大的时候必然出现的一种发育过程，如果一个真正的陌生人出现，婴儿突然大哭且表现出退缩的样子，父母并不感到惊奇。“然而，她们都是很熟悉的亲人啊，我的亲妹妹似乎也把她吓了个半死，我妈妈，那个常常守在她身边的人，突然让她害怕起来。到底是怎么回事儿！”

这些情景发生是有原因的，也是可以预料到的。幼儿的认知在这个阶段产生新的爆发性发展，对比能力和精细区别能力也得到飞速发展。这时候她对爸爸与爸爸的兄弟之间的区别、妈妈与妈妈姐妹之间的区别非常敏感。爷爷奶奶等在婴儿生活中不可或缺的亲人，这时要有耐心，等候她仔细查看清楚。婴儿在这个阶段注意到亲戚和家人之间的区别，她必须适应这个新情况，在这个过程中她表现出惊恐，表明她正在努力掌握生活中的重要线索。这个阶段有可能会持续几周到一个月，是一个非常重要的阶段：婴儿的能力飞速发展，努力识别每一个精细的差别。

作为儿科医生，我很明白，和这个阶段的任何一个婴儿初次见面的时候，都不要盯着她的脸看。如果盯着她的脸看，就等着她号啕大哭吧。确切地说，在婴儿这个阶段，任何初次见面的人都不该试图把她从父母那里抱走。她这时候啼哭是对过多的、新的、让人兴奋的侵犯行为的抗拒，代表着婴儿在这个阶段让人惊异的、快速发展的学习热情。保护婴儿是父母的第一要务。父母可以提前警告亲戚朋友："不要试图把她从我这里抱走，也不要盯着她的脸看。这段日子，除了我们以外，她对任何人都很警惕。"如果"陌生人"仅仅是出现在她面前都让她啼哭不止，就把她带到一旁，抱一抱她，用她熟悉的方式给她低声吟唱，给她机会让她复原。

"我想你了"的哭

幼托中心的婴儿在这一阶段的表现似乎有所不同。她们已经学会了接受父母以外的照顾者，而不是退缩和抗议。不过，在一天结束、父母接她们回家的时候，她们就会崩溃，大哭不止。这种哭闹有可能是婴儿对父母和陌生人的辨别能力得到发展引起的，也有可能是积蓄了一天的对父母的热切期盼突然爆发引起的。不幸的是，一些育儿人员常常会说："她从来不会这样对我。"父母听到这话，会伤心崩溃，感觉被自己的孩子拒绝了。如果父母知道真相，就不会受到如此的伤害，而是抱起孩子，搂着她，对她低声吟唱。真相是，她这么大哭，不过是想告诉你：她想你了，想要你知道。

无论何时，离开她一阵子，再次出现在她的面前时，她都有可能会这么大哭。要知道，这表明孩子想再次与你恢复亲密关系，与你融合在一起。给她带上一件可爱的玩具或毯子，当你不在的时候她可以用它代替你。她需要自我安抚的时候，这个可爱的物件也可以派上用场，有助于她的自控力发展。有些父母很心急："她什么时候才能不再这样啊？"她会的，当她更加独立的时候，她的大拇指和她的心爱之物在她迈向独立的道路上，可以成为她的亲密伙伴，伴她飞速成长。

第10个月

挑战界限

婴儿开始独自探索世界，她越来越多地利用自己逐渐增强的精细抓取能力处置各种物体，父母要格外留意整个家居环境中潜在的危险因素，对婴儿可能去到的任何一个地方都要非常警惕。同时，婴儿也逐渐发现她的探索行动可以让所有人心惊肉跳！她对这些能够吸引父母注意力的新方法特别着迷。她会爬向壁炉、电视机等充满危险的地方，他知道这样做一定能把父母招来。看到父母来到跟前，他们撒腿就爬，速度很快，想要父母去追赶她们。

抗议地哭，解脱地哭

单单警告她“不要这样”根本无济于事。她知道不能做。她在等着父母做出更积极的回应——把她抱起来，离开让她兴奋的禁物。这时，她就放声哭叫，情绪激动地表示抗议，同时也包含着一丝宽慰。在这种抗议中，她把“是”和“不”混合在一起。作为她的父母，仔细倾听，就能听出来“太棒了，终于有人知道怎么阻止我了”“太好了，有人真心在意我”等含义。

新技能与新求助的喊声

夜里，婴儿很有可能会扶着小床的栏杆站起来，站在小床的一边，不肯躺下，坚持操练她刚刚学到的新技能。她有可能每隔三四个小时就会站起来一次，并且大声喊叫，好像她不知道如何再次躺下似的。有些父母说：“她需要我！她不知道怎么躺下了。”我会故意反问她们：“白天的时候，她站起来，会再次躺下去吗？”“当然会！”“那么，在夜里，她不肯尝试自己躺下，不是很有趣吗？”我紧追不放，父母表示抗议：“也许她没有完全清醒。”确实有这种可能。婴儿每次从轻度睡眠中醒来，就想操练新近学会的新技能。如果你希望婴儿学会处理这种情况，学会自己躺下，你就必须敦促她，让她知道：她可以做到自己躺下、再次睡着。这么说并不是任凭她尖叫而不帮助她的意思。走到她跟前，温柔地推她一下，她就会弯下腰，发现可以自己躺下。她也可以

学着让自己轻度睡眠醒来后再度睡着，父母就坐在她的小床旁边，安慰她，沉稳地一遍遍告诉她“你可以做到，你可以做到！”

通常，坚持一周以后，父母就会告诉我，婴儿已经学会在轻度睡眠中醒来、站起再躺下。睡眠规律得以恢复。

学步儿童的啼哭

挫败的啼哭

随着行走等独立技能的发展，学步儿童的依赖性却有可能表现得更加强烈了。到了一天结束的时候，她似乎更容易崩溃、尖叫了。她可能会在每顿饭、每次小睡前都哭个不停。她就像是在说：“为了实现独立，我不停地走来走去、绕过你、逗引你做回应，耗费了我太大精力，我唯一的结局就是崩溃。”

这绝望的号啕让人心碎。有时候，这种现象发生，人们可以理解，比如小睡前、一天结束的时候或筋疲力尽时。环境变化的时候，学步儿童也可能会大哭，比如，遇到一个陌生人、来到一个陌生环境，突然响起的声音，甚至她的父母突然出现，都有可能让她大哭一场。对此，父母通常会产生很多疑问和担忧，“她看起来那么脆弱，是病了吗，还是哪里出了问题？”当然，永远不要忽略任何生病或疼痛的征兆，但是，哭泣可能只是新生活强度的一个标志。她正在学习放开手，用脚保持平衡。为了四处探索，她必须离开妈妈或爸爸舒适的怀抱。不可避免地，她行走不稳时常跌倒。她哭可能是因为行走的时候太想成功而感到挫败。她跌倒了，一屁股坐在地上，号啕大哭，有可能不是因为摔疼了，而是因为太沮丧。

不再是婴儿

如果把她抱起来安慰，她反而可能哭得更剧烈了。这是一种抗议行为，表示“放我下来，让我自己解决”。对父母来说，这是一种被拒绝的信息，很不容易接受。

蹒跚学步的孩子走进隔壁房间，也有可能会突然哭起来，听上去好像是哪里很痛的样子。你急忙跑过去，她看见你来了，好像觉得很安心。不过，她拒绝你把她抱起，甚至不想看见你。你会发现，她这时候的

哭，是因为害怕一个人在黑暗的屋子或者平常被禁入的厨房里。毫无疑问，她需要被安慰一下，不过，只要稍微安慰一下就好。她正努力自我调整，以达到另一个目标——实现独立探索。

学步儿童开始独自探索世界，行走能力让人惊叹，她开始感受到独立带来的兴奋，不过，为此付出的代价也会相当骇人。“如果我在那个角落消失，爸爸会不会在那里？我一个人爬楼梯，他会不会真的生我的气？如果我坚持一个人爬楼梯，不会因此生我气吧？如果我摸一下那个禁止触摸的火炉（检验一下是不是真的很热），他会不会生我的气，以后很长很长时间都不理我？”在探索过程中，她的这种担心害怕一直写在脸上。她踏上任何一段冒险之旅时，总是会不时地回头查看，看父母是否在关注她，如果没人关注，她就会发出大声的求助呼叫。

但是，如果爸爸真出现在拐角处，爸爸脸上的神情会让婴儿很困惑，他嘴角向下，像是非常生气和愤怒；但是，看见小家伙安然无恙，他又显出很开心的样子。如果他伸手想要制止小家伙继续向危险迈进，小家伙当然不乐意被阻止。她想一直这么走下去，一边探索，一边学习，永远不停止。如果被制止，她会躺倒在地板上，一边尖叫，一边捶打地板。如果父母试图安抚她，只会让事态更加严重。有的父母忍不住就和她一起尖叫起来，大声喊：“安静！不要再闹了！”不过，这样的努力只会让情况更加糟糕。

这时，你会感觉孩子并不需要你，甚至把你给抛弃了。“你为什么哭叫着要我过来，来了你又不要我？！”蹒跚学步的孩子几乎每时每刻都在呼救，惹得你十分恼火甚至愤怒。你很想说：“安静！不管你需要我，还是不需要我，你都哭叫，把我都给搞晕了！”你晕，她也晕。她那么想独立，但是又那么害怕。她知道，她还没有准备好应对她的新技能带给她的危险和刺激。

这个阶段，正是一个成长的触点，她的新技能使她能够独自四处转悠，但是她还没有足够的信心离开你。不过，这种情况不会持续太久，她会越来越习惯独立。当这一天真正到来的时候，你会发现你不得不面对你已经“失去了”你的宝宝这个现实，突然，你成了那个很想放声大哭的人。

第 3 章

✶

儿童啼哭的含义

引起关注

就算是新生儿啼哭，你也能感觉到，“她哭，只是为了引起我的关注！”她轻轻地啜泣，你走近她，她就不哭了，父母感觉被她“利用”了，非常生气，甚至会从她身边远远地走开。她的哭声加大，父母不得不转身回来做些回应（比如，把她抱起来，或者给她喂奶）。刚开始，你的第一反应就是立刻弯下腰，对她说话，或者温柔地低声吟唱，稍后，你就会在心中自问“这样会不会把她惯坏”，随着年龄增长，她唤起你关注的技能越来越娴熟，到了这个时候，你就可以找机会试着弯腰鼓励她：“自己来，你能行！”

婴儿不会那么容易被宠坏的，父母还处在通过她的每一声啼哭了解她的需求的阶段。不过，就像我们在第2章看到的那样，婴儿4—5个月大的时候，可以放任她自娱自乐一阵子，不必依然听见哭声就把她抱起来了。随着年龄增长，很容易就能辨别出她的啼哭是“需要帮助”还是“被惯坏了”。可以限制自己的回应，鼓励婴儿“自己解决”，我曾经这么做过。如果你认为单纯

“不回应”不够充分，那么，你对她的态度也可以更坚决一些。惯坏的孩子欲求无度，毫无界限，需要你为她设立界限。如果你态度坚定地回应她，通过观察她的脸你会发现，她很轻松怡然，甚至有微笑挂在脸上——几乎就是一副不胜感谢的模样，让你感觉为她设立界限让她感觉很安心。

在出生第二年，甚至第一年的时候，如果既不是为了引起父母的关注，也不是有其他明显的原因，幼儿哭哭啼啼，总会让父母感到很难办。有的幼儿个性焦虑，如果得不到及时回应，很容易哭哭咧咧，经常会被误认为是被惯坏了。就算是要引起关注和回应而啼哭，也能让人感觉到那哭声满含着一种“你没满足我”的信息。真正被宠坏的孩子不仅自己没界限，也不知道如何进行自我安慰和自娱自乐。她生活在过度保护或过度溺爱之中。

有些父母总是忍不住要替孩子做所有的事情，这也许起因于更早时候发生的一些不幸——比如，早产、疾病、家庭问题或家庭突变。在某种程度上，这些悲剧的发生让父母对孩子感觉内疚，还有些父母试图在孩子身上弥补自己童年的亏欠。在这些情况下，就算孩子只是遇到极寻常、极微小的困难，父母也会飞快地跑过来出手相助。这样，孩子不仅失去了自己面对挑战和挫折的机会，也不会产生继续尝试的欲望，使她无法体会到“我做到了”所带来的无与伦比的成就感——这种感觉对她未来的自我认知和能力感知至关重要。缺乏这种感受的孩子通常容易抱怨、难以满足、动辄哭泣。

这类孩子的父母应该反思自己对待孩子的模式。也许她没有与孩子保持足够的距离，如果认识不到这个问题，她很有可能会阻碍孩子自我能力的发展。她有可能并不知道界限可以使孩子产生安全感。对待这一类的孩子，我的建议是：

1. 设定明确的界限，让孩子相信，界限是一种馈赠，而不是惩罚。
2. 让孩子自己做，给她体验成就感的机会。
3. 给孩子提供或指出任务，让她自己做，有时需要态度坚决。比如，建议她尝试自己平静下来；无聊的时候，尝试自娱自乐等。这些都是让孩子体会到成就感的机会。
4. 取得成功的时候，鼓励孩子为自己感到骄傲。与其说“我为你感到骄傲！”不如说“你看，你做到了！为自己感到骄傲吧！”她甚至可以为战胜了挫败感而自豪！

5. 同时，为了避免让她感觉你不管她了，在活动间隙，主动过去抱抱她，即便她没有要求你也要这样做。这样一来，当你需要推动她“自己做”的时候，你们俩都会感到很安全。

憋气现象

憋气现象大多发生在6个月和5—6岁的时候。两岁的学步儿童闹脾气的时候也会出现憋气现象。有时候会憋到脸发紫，甚至晕过去，这着实让人担惊受怕。看到这种情况，父母有可能想立刻抱起她去急诊，或者认为应该马上给她施行口对口呼吸急救。不过，还没等你付诸行动，她就已经恢复了正常呼吸，并且有可能再来一次。动辄憋气，加上坏脾气，足以让父母感觉无助又恐惧，甚至感觉为了避免小朋友闹脾气，付出一切代价都在所不惜，然而，让2岁小朋友不闹脾气几乎根本就是痴心妄想，而娇惯和溺爱只会让她们的脾气更大。

小朋友大发雷霆的时候出现憋气现象，无论原因是什么，不管是因为她极度失望还是极度愤怒，什么都不需要做，她很快会恢复正常。事实上，父母本身表现出来的紧张情绪，或者短暂的歇斯底里，会让小朋友的憋气现象更加严重。无论怎么样，家长保持镇定可以最大限度地帮助孩子学会处理这种崩溃现象。

不过，如果经常发生憋气现象，又不是压力太大、过于沮丧、状态转变等可能的原因所致，或者憋气过于频繁，超出了父母承受的限度，就应该去就医，咨询医生的专业意见。如果小朋友动辄憋气，父母担心她是癫痫发作，也要去就医，咨询医生。低幼婴儿睡眠时憋气超过15秒，就该被叫醒。醒来还是不能恢复正常呼吸的，就得打急救电话，或者对其进行幼儿心肺复苏术（cardiopulmonary resuscitation，CPR）。

不过，对大多数婴儿来讲，憋气通常都是由于过于愤怒或沮丧导致的，常常发生在婴儿闹脾气的时候。如果憋气发生在婴儿行为最为混乱的时候，她的呼吸即刻就会恢复。这种短暂的憋气发生得特别快，父母大可不必担心她大脑受到损伤。这类情况让人惊慌却没有大碍，不需要进行治疗。不过，儿科医生的建议确实能安慰到父母，使他们目睹这些情况时不要惊慌失措。

害怕独立

1岁以后，孩子的依赖性和独立性之间的斗争会促生一种新型啼哭。任何一种突然改变都会引起婴儿依赖性和独立性之间的冲突。比如，给她穿衣准备出门，或者外出之后回到家里，把外衣给她脱掉；准备去奶奶家或者去学校的时候，或者准备去平常很熟悉甚至特别喜欢去的地方的时候，她会突然变得黏人起来，甚至会哭出声来，远远地躲开就要带她出门的你。你会很奇怪，她怎么突然这么脆弱，这么黏人了呢？你本来以为换个环境她会很喜欢，特别是去她熟悉的地方。为什么听到要出去，她突然就崩溃了呢？甚至你刚要接近她，她就狂躁地大哭起来，整个人都崩溃了。

为什么会出现这种情况？这是学步儿童独立意识逐渐浮现出来时表现出来的特有内心矛盾。在她迈向独立的道路上，每一次新的尝试，都会唤起她的软弱无力感——“我那么小”。不过，仔细观察，你会发现，每一次取得斗争的胜利，胜过独立道路上的每一次犹豫挣扎之后，她都会格外开心，简直可以用趾高气昂来形容。父母要留意，在她内心挣扎斗争的过程中，她可能会需要吮吸自己的大拇指或其他心爱之物的帮助，父母要她提供这些便利。

梦魇与恐惧

梦魇等新的恐惧出现在4—5个月大的时候。狗叫声或者警笛都会惊吓到婴儿。她们内心惧怕，有些表现在常人看起来常常不可理喻，甚至有人认为“毫无缘由”。让她惊恐的梦魇有时可能是“躲在床底下或衣柜里的妖怪或巫师”。这种惊吓现象，无论是对孩子还是父母来说，都是新现象。孩子崩溃流泪，父母通常很纳闷：“这到底是怎么回事儿？”

这样的梦魇和惧怕在这个年龄段很常见，不一定是孩子受到了伤害或惊吓，这个阶段有可能是孩子发育过程中不可或缺、无法避免的时间段，是她突然意识到自己的好胜心的开端。好胜心冒出来的时候，她可能会高声尖叫、和每一个同学争论、为了取得胜利不惜欺骗、心中充满焦虑。

她担心什么呢？她担心的是她的“坏”。这种强烈

的“不要做个乖孩子”的隐藏的自我冲动足以让她害怕！在白天，如果不得不一个人待着，她有可能会表现出出人意料的恐惧和脆弱。当闪电划过天空，或者救护车的警铃呼啸而过时，这个年龄的孩子会认为这是对她的惩罚——惩罚她冒出“做个坏孩子”的念头。这时候，脆弱的她就会表现出一种新式的恐惧和担心。她有可能会拒绝从有狗叫声的房子前面路过。

白天，她还能控制住这些恐惧，但是到了晚上，当她一个人独处的时候，恐惧会再次冒出。到了父母必须离开她，她得睡觉的时候，这些恐惧就冒出了水面。她会抽泣着缩成一团，在被子下面不住地扭动。“不要离开我！她来了，要把我带走！”“谁？”“那个女巫。”“什么女巫？”“那个有尖牙和长爪子的女巫。”“你不会是说她现在就在你房间吧？”“在呢，在呢！只要灯关上，她就会出来。”

夜间的恐惧与哭泣

下面这些建议，有助于帮助儿童克服夜间恐惧：

1. 和她一起查看床的下面。

2. 打开衣橱门，让她查看，确认里面没有让她恐惧的东西。
3. 再次搂抱她一下，使她安心。
4. 不要嘲笑她。
5. 坐在她床边，给她唱摇篮曲，安慰她，把她喜欢的玩具给她，让她感觉有所陪伴。
6. 留一盏小夜灯。
7. 反问一下自己，她为什么突然这么害怕。
8. 询问一下学校或者其他照看她的人，白天她有没有经历什么痛苦或受到什么心理创伤。
9. 留意她攻击性爆发的情景。不要压制她，但是可以指出她在很努力地试图掌控自己的情绪，鼓励她把白天的情绪表演或表达出来。可以借助洋娃娃、木偶、动漫人物等。
10. 做她的榜样。你处理自己“攻击性情绪”的方式可以成为她学习的榜样，有助于她学习如何安全地处理她的“攻击性情绪”。你也许可以说：“我们在商店排队交款的时候，那个女士在我前面插队，真是让人生气，我真想抡起拳头揍她

一顿。但是，我没有那样做。我忍着，直到我们离开那里。然后，我自己大吼了一阵子，发了一通脾气。你是不是和我的感觉一样啊？”她也许会回应你，也许不回应。但是，她的眼睛睁得大大的，紧紧地盯着你，已经充分说明她明白了你对她所说的话。

11. 可以放松一下，但是不能改变原则。你可能不得不再次进入战斗。你们俩的较量可能会更加严峻，可以忽略其中的细节，但是如果你看见她的攻击性已经足以吓到她自己，就要出面给她一些更严厉的管教：“你若那么做，我一定会制止你。你做一次，我就制止一次，直到你能自己管住自己。”这种时候，公平、坚定又熟悉的管教会让她感觉到安全。

12. 当她学会更舒适地处理自己的“坏”（攻击性的感觉）时，她的恐惧和噩梦就会减少。与此同时，在这一学习过程中，她的脆弱性，会让她在这几个月的“成长”期中时不时地哭哭啼啼。

悲　伤

任何年龄段都可能出现抑郁，它带出来的信息是："我没得到我想要的！"如果婴儿状态"不对"，看起来烦躁悲伤，就要寻找出暗藏的原因。她也许是没吃好，或者没睡好。她有可能醒着，眼睛睁得大大的，空洞地看着空中。也有可能哭哭闹闹，怎么哄都哄不住。你可能会注意到她神情冷漠，容易疲劳，对她周围的玩具等物体不感兴趣，或者相反——对一切事物都反应敏感而急躁。这些症状通常是由亲人失丧、分离或幼儿遭受到明显的挫败引起的，这也有可能是她感觉自己不被重视的一种体现，或者表明她身体上有伤病需要被发现和治疗。

帮助悲伤的孩童

1. 拥抱她，轻摇她，常常唱歌给她听。

2. 和她聊天，关注她的请求。留意她的啼哭，分担

她的忧伤。

3. 试着找到她忧伤背后的原因。仔细倾听。和其他照看她的人谈一谈，了解关于她忧伤的情况。
4. 增强她的自尊心。
5. 留出一些特别的时间，与她单独相处，并在两次特别时间的间隔谈论她对单独相处的感受。
6. 如果她一直悲伤抑郁，你又无法帮助她，要寻找心理医生的帮助。

分　离

婴儿仰面眼巴巴地看着你，嘬着大拇指，满目忧伤，愁眉不展，双肩下垂，面对这种情形，你很难丢下她转身离去。她此时的哭声简直就是一种空虚、柔弱的哀号。她已经知道你离开她以后她会非常难过，她也知道你会和她一样难过。父母这时会失去对事态的控制，除了哭哭咧咧，她还有诸多的手段阻碍父母离开，比如，抗拒父母临行前给她穿衣、喂食，使父母无法脱身。有位妈妈告诉我，她的孩子会在去幼儿园的路上，把自己的衣服都脱光，光着身子去幼儿园，就为了延迟与妈妈分离。

处理分离

1. 永远记得要提前告知孩子——无论面对她的抗拒有多么困难。你可以提前对她说：“你在学校的时候，我在公司工作。一天将要结束的时候，我就回来了，我们会一起吃晚餐，一起读书。我会想你哦，我知道，你也会想我。”
2. 确保回来以后你有和她独处的时间，在这段时间，你们俩可以黏在一起。
3. 她开始哭号抗拒的时候，拥抱她，帮助她进入汽车或巴士，或者把她送到托儿所大门口。鼓励她吮吸自己的大拇指或者把玩心爱的玩具安慰自己。“你可以使劲挤压揉搓你的心爱之物，让自己感觉好一点儿。”
4. 把她的悲伤告诉她的老师或看护者，这样，你离开以后，这些她认识并信任的人会把她抱在怀

里，安慰她。

5. 请她喜爱的老师或看护者帮助她、安慰她，带她一起参加她感兴趣的活动。
6. 陪她一会儿，和她一起过渡一下，不过，需要离开的时候要坚定。（在开始的时候，我会一直等到她熟悉了新环境再离开。）如果你表现得也难过，就算不说出来，她也能感受到，你难分难舍，会让她感觉你不信任这些她必须留下与其相处的人，这种感觉会增加她内心的恐惧和不安。
7. 回家以后，提醒她你遵守了对她的诺言（比如，“每一次离开，爸爸都会回来。”），提醒她你承诺给她的独处时间就要到了，你就要抱着她，读故事给她听了。你甚至可以鼓励她把这次分离学到的经验应用到下次分离上：“明天，我必须离开你的时候，你要记得，我每次都会回来哦。”
8. 称赞她允许你离开。告诉她你知道她很担心，但是，学校里的每个人也都爱她，而你答应她什么时候回来，就一定会按时回来。

9. 当你们在一起的时候，玩一些游戏，让她知道虽然看不见你，但你依然在某个地方存在着。躲猫猫、捉迷藏、寻找藏起来的物体等，这些游戏可以帮助儿童操练即便你不在身边依然记得你的形象。

足月小样儿

出生时体重过轻的婴儿被称为“小于胎龄儿”（small for gestational age，SGA）或者“足月小样儿”。这些孩子的母亲在怀孕期间有可能一切情况都很正常，营养正常，既没抽烟，也没吸毒、没酗酒，但这些孩子出生以后的表现却与大多数正常孩子非常不一样。从睡眠中醒来，她们很难提起精神，进食速度非常慢，并且总是愁眉不展。如果把她们抱起来，搂在怀里的时候，你会感觉到她的躯体硬挺，胳膊和腿向外张开，表现得十分焦虑不安。她的这些举动，看起来都像是她在进行自我保护。“足月小样儿”身体瘦小，满面愁容，

精神过度紧张。如果看护她们的人和她们说话足够轻柔耐心，她们也能慢慢适应这个陌生的世界。照顾她们的时候要温柔，不要直视她们的眼睛，也不要抱着她们来回晃动，耐心等候她们放松下来。对待她们的时候，一次只要一个动作，要么只是看着她，要么和她说话，不要同时进行两个以上的动作，对待这样的婴儿尽量不要多管齐下。

足月小样儿的啼哭很有特色，在2—3周大的时候，一般发生在艰难喂食之后。在这个阶段，父母经常每隔1～2小时就给她喂一次奶，试图帮助她快点儿“追上”正常孩子的体重。她的哭声音调很高，声音尖利，很难安抚。这时候，如果和她说话，她通常会把头扭开；如果安慰她，她就会吐奶，放屁，打嗝，满面愤怒，神情退缩。父母常常感觉她这是在抱怨他们“没好好待我”，这种情形让新手父母感觉异常挫败。如果父母事先了解这种痛苦的啼哭，明白这种现象是足月小样儿回应能力不足所致，他们就不会绝望地认为这是新生儿故意不接受他们。

2—3周大的时候，足月小样儿每天都会这样声调高亢、难以安抚地啼哭3～5小时。无论在哪里，都把她们带在身边会有所帮助，另外，减少对她的刺激，也有利于情况的改善。随着她们的中枢神经系统渐趋成熟，足月小样儿逐渐长大，她们过度敏感的反应渐渐消失。不过，直到一岁以前，她们对外界刺激通常都会很敏感，反应过度。这些孩子刚出生的头几个月非常难以应付，对父母来讲是很大的挑战。

对待足月小样儿，我的建议是，给她们的外界刺激越少越好。环境要安静，抱着她的时候要安静，走动的时候要轻手轻脚，收拾襁褓的时候要轻柔，轻轻地摇晃她，温柔地给她唱歌。声音高亢、难以安抚的哭声很容易让人抓狂，然而，只要她哭，大概就是这个样子。这些婴儿哭泣和其他身体反应一样，通常都非常的突然，没有中间过渡，很难让人读懂到底发生了什么。总之，要有耐心。就我的工作经验所知，只要父母容许她们以自己的节奏慢慢成长成熟，“足月小样儿”在成长后期通常会有所改变，会变得积极主动、聪明机敏起来。

闹脾气

人们通常认为孩子闹脾气都是孩子的错，与家长无关，要让孩子自己安静下来，做个决定："继续闹下去，还是别再闹了？我想这样闹下去，还是，不想继续这样？"对很多父母来说，孩子为什么闹脾气似乎并不重要，他们也没有认真去想过。但是，对学步儿童来讲，每次闹脾气都有确切的含义。两岁儿童闹脾气常常隐含着两种对立愿望带来的强烈的情绪冲突：既想独立，又害怕独立。

面对失控的孩子，父母常常感到束手无策，自己也滑向失控的边缘。孩子出生的第二年，常常会出现虐童现象，很大原因就是这个年龄段的孩子动辄乱发脾气导致的。我们常常看见有小朋友在公共场所撒泼耍赖，同行的父母常常感到自己的"坏父母"形象被曝光了。孩子在大庭广众之下没完没了地哭闹，似乎无论怎么样都无法制止她们哭闹，父母感觉既无助，又无能，甚至感觉很羞愧。旁观者的反应会使他们的这种感觉更加恶劣，他们似乎一直在盯着那个崩溃的孩子和她无助的父母看。我发现制止这种情形最有效的方法是转身离开现场。在确保孩子安全的前提下，离开了现场或停止对她做出回应，她闹脾气的动力就消失了。父母这么做，是在向她表明“你可以自己处理这些情况”。

等她哭闹结束以后，再返回来搂着她，给她一个拥抱，说：“真够难过的，你感觉一定糟透了。”用这种方式，让她知道不管她怎么样，你都接受她。你甚至可以表示理解她内心经历的困惑，你可以说：“真希望我能帮到你，然而你也看见了，我帮不到你。”确切地说，这样处理孩子闹脾气，可以帮助她操练自己拿主意，而不是依赖家长为她做决定。这个时候的她好像被撕裂了，想要这样，又想要完全相反的另外一个样子，两个都想要，却只能择其一。家长也困惑，在他们看来那些让孩子左右为难的抉择似乎并没有那么困难和重要，以至于让她崩溃。家长从现场退后一步，鼓励她自己安静下来，这就跟鼓励婴儿期的她自我安慰一样——鼓励她借助她的心爱之物或者她的大拇指使自己获得安慰。当她发现能控制自己的情绪时，她就可以不被这些情绪所控制了。

孩子2岁大的时候，开始意识到她的要求威力强大，她闹脾气也更加戏剧化。她被两种不同的选择撕

扯，让她非常愤怒，同时又希望引起成年人的注意——她认为，只要她哭的声音够大，时间够长，就能达到目的。听见她哭的时候，通过仔细观察她的眼睛你会发现，2岁之前，她的难过情绪都是内在的，她的眼睛会显出她的不快，那时，她还不会主动“寻求帮助”。但是，2岁的孩子会用眼睛“观察”她周围人的情况。聪明的父母不会立刻跑来介入，而是鼓励她依靠自己的力量，帮助自己。鼓励她在两次脾气爆发之间利用心爱之物或玩具安慰自己，这样，当她真正需要的时候，就能进行自我安慰。她自己处理自己的不良情绪并依靠自己的力量将其解决，可以让她得到很多控制自我情绪的经验。

父母很想知道，他们是否可以在孩子压力过大几乎崩溃之前，缓和当时的紧张气氛，以避免孩子发脾气。父母采取幽默手法或选择不同的争战形式，确实很重要，可以使后续情景大不相同。你保护她，她一定会知道，不过，你鼓励她自己解决问题的时候，她却有可能感觉很受伤。事无巨细地出手保护学步儿童，肯定无法帮助她学会管理那些让她发疯又倍受折磨的抉择。学会独立和自控，是两三岁孩童最重要的任务。

发牢骚

2—5岁期间，如果孩子感到无聊或无法继续满足于自娱自乐，她可能会抱怨，牢骚满腹。她也很快会发现，父母不喜欢她抱怨。发牢骚是她缓解愤怒和无聊的一种方式，一旦父母参与进来，她就不无聊了。“妈妈，我需要你！”父母会感受到她的抱怨，内心渐渐升起愤怒，并且有可能会这么回应她：“住口！我再也无法忍受了！”直到现在，我还记得自己小时候和弟弟一起折腾妈妈、让她沮丧崩溃的情景。这很快会发展成孩子发牢骚的全部目的。所以，发牢骚，也是儿童引起父母回应的一种手段。

阻止抱怨

1. 和她约定一个“游戏日”，或者制定一个娱乐方案。无论怎么样，都要建议她找到自娱自乐的方式，以缓解她的无聊，她很有可能需要你帮

助她学会自娱自乐。(电视节目不能教导她这些事情。)

2. 当她抱怨发牢骚的时候，你要向她指明，她是在“发牢骚”，让她意识到自己的行为：“你在发牢骚。”
3. 当她抱怨的时候，不要对她的抱怨行为进行回应。温和坚定地告诉她，如果不抱怨，你会对她想要表达的想法感兴趣。或者说“如果你停止抱怨，我们就可以聊一聊。否则，没得聊”。
4. 如果她继续抱怨，你就从现场走开。但是，要让她知道你并不是要抛弃她，告诉她：“如果你停止抱怨，我就回来。”
5. 当她不再抱怨的时候，把她抱起来，给她一个拥抱，但是不要鼓励她发牢骚。
6. 在别的地方处理你的愤怒和沮丧。看见你崩溃的样子，有可能会让她越发起劲，继续发牢骚或抱怨。
7. 一定要确认她发牢骚或抱怨不是由生病或疼痛引起的。

参考文献

Barr, R. G., Hopkins, B., and Green, J. A. "Crying as a Sign, a Symptom, and a Signal: Clinical, Emotional, and Developmental Aspects of Infant and Toddler Crying," in *Clinics in Developmental Medicine*, No. 152. London: Mac Keith Press, 2000.

Barr, R. G., St. James-Robert, I., and Keefe, M. R. *New Evidence on Unexplained Early Infant Crying: Its Origins, Nature, and Management*. Skillman, N. J.: Johnson and Johnson Pediatric Instriture, 2001.

Barr, R. G., St. James-Robert, I., and Keefe, M. R. *Early Infant Crying: A Parent's Gurde*. Skillman, N. J.: Johnson and Johnson Pediatric Instriture, 2001.

Brazelton, T. B. "Crying in Infancy," in *Pediatrics* 29, 579–588 (1962).

Lester. B. M., and Boukydis, C. F. Z. *Infant Crying: Theoretical and Research Perspectives*. New York: Plenum Press, 1985.

Lester. B. M., Boukydis, C. F. Z. Garcia-Coll, C. T., Hole, W., and Peucker, M. "Infantile Colic: Acoustic Cry Characteristics, Maternal Perception of Cry, and Temperament," in *Infant Behavior and Development* 15, 15–26 (1992).

Zeskind, P. S., and Barr, R. G. "Acoustic Characteristics of Naturally Occurring Cries of Infants with 'Colic'," in *Child Development* 68 (3), 394–403 (June 1997).

给父母的书单

Brazelton, T. B. *Touchpoints: Your Child's Emotional and Behavioral Development*. Cambridge: Perseus Publishing, 1991.

Brazelton, T. B., and Sparrow, J. D. *Touchpoints Three to Six: Your Child's Emotional and Behavioral Development*. Cambridge: Perseus Publishing, 2001.

Stern, D. N. *Diary of a Baby*. New York: Basic Books, 1989.

Stern, D. N., and Bruschweiler-Stern, N. *The Brith of a Mother: How the Motherhood Experience Changes You Forever*. New York: Basic Books, 1998.

Woolf, A., Shane, H. C., and Kenna, M. A., Eds. *The Children's Hospital Guide to Your Child's Health and Development*. Cambridge: Perscus Publishing, 2000.

给父母的资料

American Academy of Pediatrics

P.O. Box 927

Elk Grove Village, 1L 60009

(847) 434-4000

American Academy of Child and Adolescent Psychiatry

3615 Wisconsin Ave NW

Washington, D.C. 20016

(202) 966-7300

关于婴儿猝死综合征

American SIDS Institute
2480 Windy Hill Road
Marietta, GA 30067
(800) 232-SIDS

National SIDS Resource Center
2070 Chain Bridge Road, #450
Vienna, VA 22182
(800) 505-CRIB

Sudden Infant Death Syndrome Network
P.O. Box 520
Ledyard, CT 06339
(800) 339-7042 ext. 551

关于产后抑郁

Depression After Delivery, Inc.
91 East Somerset Street
Raritan, NJ 08869
(800) 944-4773

National Institutes of Mental Health
6001 Executive Blvd., Rm. 8184, MSC 9663
Bethesda, MD 20892-9663
(301) 443-4513

American Psychiatric Association
1400 K Street NW
Washington, D.C. 20005
(888) 357-7924

关于婴幼儿抚触

Touch Research Institutes

University of Miami School of Medicine

P.O. Box 016820

Miami, FL 33101

(305) 243-6781

关于安抚易哭闹宝宝的录像

Tim Healey, M.S., “Hush Little Baby: The Scientific, Systematic and Sensitive Way to Stop Excessive Crying.” Kangaroo Kids, 1556 E. Katilla Ave., Anaheim, CA 92805; (714) 836-9036

关于被推向边缘的感觉

Parents Anonymous
675 W. Foothill Blvd., Suite 220
Claremont, CA 91711
(909) 621-6184